農と食の戦後史

敗戦からポスト・コロナまで

大野和興
天笠啓祐

緑風出版

目　次

農と食の戦後史――敗戦からポスト・コロナまで

第１章

日本農業の戦後出発と食糧増産の時代

著者・大野和興

著者・天笠啓祐

戦後の民主化と農民運動

【天笠】 戦後の食と農の総括を試みたいと思います。政治、経済、社会も含めた、全体像をとらえた上で総括できればと思います。

最初に全体を概観したいと思います。歴史を大きく七つに区切りました。あくまでも話を進める上での区切りとして設定したものです。

第一段階は、戦後すぐの時期です。

第二段階は、神武景気から高度成長に至る時で、農村から都市へと人が大きく流れていった時期です。農業基本法が施行され、基本法農政などといわれた時期です。

第三段階は、環境破壊や健康破壊が顕在化していく時期で、有機農業運動が始まった時期でもあります。

第四段階は、減反政策に代表される農業切り捨ての時代です。

第五段階は、ガットやＴＰＰ（環太平洋経済連携協定）に象徴されるグローバル化の波にさらされた時期です。

第六段階は、ＢＳＥ（狂牛病）や遺伝子組み換え食品など、食の安全が脅かされる時期です。

そして第七段階は、福島第一原発事故の衝撃以降、最後にコロナ禍の今日に至る時期ということで、話を進めていきたいと思います。

第一段階の戦後すぐの時期ですが、とりあえず話を一九四五年から始めます。もちろん戦前から継承されてきたことなど、区切りが難しいところはあると思いますが、その点については折々、触れていくことにして、とりあえず戦後から始めます。

敗戦直後は、焼け跡闇市から始まります。ほとんどの市民が食を得られず、飢餓に直面したことから始まります。当時の人口は七二〇〇万人（一九四五年）で、農家人口は五七〇〇万戸で三四二五万人というから、ほぼ半分が農家だったことになります。とにかく食べることが重要だった時代で、消費者は、最初は必死になって生きなければいけませんでした。そのため「米よこせ運動」や「食料メーデー」など、日々の食事を得るために立ち上がりました。その「食料メーデー」で「朕はタラフク食ってるぞ、ナンジ人民飢えて死ね」というプラカードが有名になりました。あるいは多くの人が経験したでしょうが、大切な着物をもって農家に行って、食料と交換したといった話をよく聞きました。

逆に、農業、農家が、こんなに存在感を持った時というのは、ここだけではないか、と感じます。それまでもずっと農家は虐げられてきたし、戦後も、このわずかな時期を除いて農業は切り捨てられてきた。そういう流れがありますが、農業、食べ物を作るというのはこんなに強い力を持っているのだ、という存在感を発揮したのは、この時だけではないかなという印象をもったのです。

【大野】戦後四〇年、一九七〇年代くらいまで、農業と農家の話を都会で言うと、お年寄りの中には、敗戦直後の食糧難の時代、田舎に買い出しにいって農家にいろんなものを巻き上げられたという感じで、農家はけしからんと恨みごとを言う人がいました。戦争で男手を兵隊にとられ、おまけに国に食糧を強制的に供出させられて、農村でも食べるものに不足していたということを知っている人はあまりいなかった。

その一方で、敗戦は農村を大きく変えました。戦地から生き残って帰ってきた青年たちが多数いて、彼らが中心になって青年団活動が盛り上がり、家と村の民主化が進んだ。結婚式も家どうしではなく、個と個の結婚なんだということで、実行委員会形式の結婚式なんかが随分行われました。こうした生活や文化の民主化とともに仕組みの民主化が並行してすすんだ。地主制度を廃止し自作農による農業を作るための農地改革、自作農の協同をめざした農業協同組合の創設など戦後改革が行われ、女性が選挙権を得た。家父長制と地主制からの解放がそれなりに進んだ。日本の村が一瞬でしたが輝いていた時代です。

農業技術史的側面でいえば、農地改革が行われ、農民が自分の土地を得ると同時に農事研究の運動が起こりました。全国津々浦々で、自主的に村の青壮年が集まって農事研究会が生まれました。山の村にも浜辺の村にも、どこに行ってもできてきた。農村民主化政策の一環として生まれた農業改良普及員が農事研究には一役買っていました。

農業改良普及制度もまた、戦後の民主化の中で出てきたものです。農地改革で生まれた自作農体制を維持発展させるために作られたもので、もともとは米国の制度です。普及員は緑の自転車で村々をまわり、農民と一緒に増産技術を考えた。それは当時の都会の飢餓とか欠食児童に対応するもので、時代の要請でもありました。同時にパラチオンなど猛毒の農薬も持ち込まれた。

【天笠】結婚式も家から個に変化したということですが、そのあたりも戦後の大きな変化ですね。

【大野】やはり新しい憲法の力だったと思います。新憲法は第二四条で「婚姻は、両性の合意のみに基づいて成立し、夫婦が同等の権利を有する」と定めた。戦前は村でも都市でも結婚は家と家の行事だったですからね。憲法に力を得て村の若者たちは仲間と実行委員会を作って結婚式をあげたりした。佐賀の農民作家・山下惣一《やましたそういち》さんもその口ですが、それでは親戚が納得しないので結局二回結婚式を挙げたといっています。

戦場から復員してきた若者たちのエネルギーを軸に青年団運動が広がっていきます。石坂洋二郎が地方の若者を描いた青春小説の『青い山脈』（一九四七年発表）の世界です。生活記録運動、文学運動といった文化運動も花開く。農村演劇運動などもそこで出てくる。自分達で脚本書いて、自分達で表現していく。そういう文化運動も含めて、農村で随分新しい動きが出てきた。ぼくは四国山脈の真っただ中の村でその時代を過ごすのですが、人がいっぱいいて、お祭りも運動会も盆踊りも、収穫を終えた秋に青年団がやる芝居や踊り、歌の催しも、みんなおもしろかった。目をつむると今も情景が浮かんできます。ぼくの〝幻の村〟です。いま思うと、それはこの国の村にとっても〝幻〟だったかもしれない。輝ける一瞬の夏です。

それと重なるのが技術の民主化です。戦前、技術は地主の独占だった。明治以来、百姓の農法、技術は次第に淘汰され、あるいは整理され、帝国農業試験場を頂点とする国家に統合されていった。国家が技術を独占し、それを享受するのは地主層だった。小作農民は、地主に言われて、単なる労働力として、その技術に従うだけだった。けれども、農地解放で、零細ながらも自分の土地を得た自作農は農業の主体として現れ、自分の土地でどういう農業をするかという主体的な動きが出てきます。

一方で世間は飢餓の時代であり、国家は食糧増産に取り組まざるを得ない。食糧増産のための予算が組まれます。そうした下からと上からの流れが合わさって生まれたのが、先ほど述べた農事研究です。全国津々浦々に農民の自主的な研究会である農事研究会が生まれました。

【天笠】戦後すぐの農民運動について伺いたいのですが。さまざまな運動体が登場してきます。日本農民組合（須永好委員長）が結成されたのは一九四六年、全国農民組合（賀川豊彦会長）結成が一九四七年ですが、戦後、労働運動が活発になりましたが、農民運動も盛んになり始めます。

【大野】戦前には幾つもの農民運動の流れが、小作争議を中心にして存在していました。そのいくつもの農民組合は、穏健派から実力闘争派までさまざまありました。それが、戦時体制下、国家総動員体制のもとで国家によって統合され、農民統制機関になってしまう。敗戦になって改めて農民組合が次々に出てきます。弾圧のなかで逼塞《ひっそく》していた小作争議の猛者《もさ》たちが次々と立ち現われ、「土地を農民に」の合言葉とともに農民組合を作っていきます。

古今東西ほとんどの国や地域での農地解放は農民の血で獲得されたのですが、日本では一滴の血も流さず、地主制からほぼ完全な自作農体制に移行できた。それは、ＧＨＱ（連合国最高司令官総司令部）という占領軍の権力を背景にしたからだといわれますが、同時に広範な農民運動の力があったことを見逃すことはできません。ここにも歴史の弁証法がありま す。

【天笠】そのような農民運動の流れの中で、農協が設立されていきます。農業協同組合法が公布されて、一九四八年に農協全国組織が設立されていきます。農民運動と農協の違いについて伺いたいのですが。

【大野】 農協設立も農村民主化の柱の一つとして占領軍、GHQからの指令で始まります。一九四五年一二月に「農民解放に関する覚書」いわゆる「農民解放指令」がGHQによって発せられます。日本の封建制の柱だった地主制を解体し、自作農の国にする、そう言って生まれた小さい自作農を維持発展させるためには農民の協同の力が不可欠だという論理です。日本には戦前から協同組合は存在していました。賀川豊彦らによる消費組合運動と農村の産業組合運動の二つの流れです。消費組合運動はイギリスのロッチデール[注1]の人々につながる社会運動として、産業組合はドイツのライファイゼン[注2]の流れを組み、明治時代、官僚によって持ち込まれます。

自作農と在村地主が中心になって作り上げたもので、生産資材の共同購入、共済や信用事業、それらを通しての肥料商や高利の金貸しとの対決、医療などの仕組みを作っていくのですが、やはり戦時体制の中で国の統制機関に統合されていくのです。ロッチデールの人々もライファイゼンもマルクス、エンゲルスと同時代の人々で、両者は革命ではなく協同組合による社会改良で資本主義勃興期の民衆の悲惨を解決しようとした。

戦前と戦後の間には、農業も含めてあらゆるものに連続性と断絶の両方があります。両面で見ていかないといけない。農協の場合、戦前の産業組合の歴史があって、それが戦時統制団体になり、そこに戦後GHQによる農村民主化の一環として農協設立がかぶさった。GHQからの指令だから、全国に民主的なはずの農業協同組合が作られていった。その中で多くの新農協は村のリーダー層である旧産業組合のメンバーが主要な座をまた占めるという現象が起こります。民主的なはずの組織に旧体制が忍び込み、戦前との連続性が持ち込まれた。なかには革新派の農民組合と旧体制派が農協の主導権をめぐってしのぎを削り、革新派が勝利するところもありましたが、彼らは金勘定が苦手で、たちまち農協経営に行き詰まり、旧体制派に席を譲り渡すことになります。

まあ、すったもんだがありましたが、農地改革、農協設立、改良普及制度が農村民主化の三本の柱だったことは確かです。農協設立はせっかく生まれた自作農が営農に行き詰まり、せっかく手に入れた土地を手放したり、元の地主制が復活してしまわないように、協同組合という共同組織で小さい農民を守ろうということでできたのは、間違いない事実だと思います。

農協法は民主的な法律です。戸主だけでなく、男性、女性を含め個が集まって作り、利用高や規模に関わらず一人一票制で、資本に対する団体交渉権まである。戦争が終わり、民主的な、新しい時代が来て、憲法ができ、農地改革があって、そういう時代の空気のなかで生まれたものなのです。

機械化と化学化が始まる

【天笠】一九五〇年ころから農薬とか、農業機械が入り始めました。まだ使い始めたばかりのようですが、農薬が使われるようになるとともに、農業機械化促進法が一九五三年に公布されて、農家に機械が入り始めます。

戦後、最初に入った農業技術の大きな柱に、農薬があります。一九五一年ごろからＤＤＴなどの有機塩素系殺虫剤やパラチオンなどの有機リン系殺虫剤、除草剤の二、四―Ｄなどが普及し始めます。農薬は、軍事技術が民生技術に転用されたものです。有機リン系殺虫剤はナチス・ドイツによって毒ガス兵器として開発されたものですし、ＤＤＴは、米軍がインドネシアなどのジャングル地帯での戦闘の際にマラリアなどの対策として開発したものです。戦争によって開発されたものが、農業の現場に導入され始め、やがて農家の健康を破壊していくことになります。さらに後に、除草剤がベトナム戦争などで枯葉剤として使用されますが、農薬と戦争は切っても切れない縁ということになります。

ＤＤＴですが、日本に入ってきて最初はシラミ退治目的で子どもたちを中心に、頭の上から撒きましたけれども、考えてみれば大変危険な行為だったですね。日本の化学企業は、肥料を中心に生産していました。戦後も、化学企業にとって、化学肥料は大きな柱でした。

【大野】もう亡くなった世代ですが、年齢でいえば一〇〇歳前後の人は農薬が大好きでした。上越でコメ作りをやっている七〇歳代前半のぼくの友人が若い時、「おやじが農薬や除草剤が好きで困った。ダメだというのに庭にまで除草剤を撒いてしまう」とこぼしたことがあります。気持ちはわかるのですね。毎日毎日草と格闘し、せっかく実りかけた作物が病気と虫にやられてしまう。そこに現れた農薬はまさに救世主だったのです。

一九七〇年ごろまで、どんな人ごみの中でも農家だなというのが一目でわかりました。腰が落とし気味にかがんでいて、足が蟹股《がにまた》の人は男性も女性も間違いなく農家だった。農業労働の過酷さは体形さえ変えたのです。その中心は除草作業でした。真夏、田んぼの中にはいつくばって草とりをする作業の過酷さはやってみないとわからない。ぼくは一時間で音を上げました。

水俣病を引き起こしたチッソの前身は、日本の植民地だった朝鮮半島に立地していました。そこで化学肥料を作っていました。それは日本に移出された。だから戦前から、窒素肥料や硫安などの化学肥料が使われていました。戦後、政府は経済の復興で、特定の産業を集中して復興させていこうという傾斜生産方式という経済政策をとるのです。この傾斜生産方式で集中させた産業は、鉄と化学肥料です。鉄は産業の要だということで、鉄に全ての生産力を集中していくと同時に、食糧増産のために、化学肥料に生産を集中していく。その二つに生産を集中させたのが、戦後最初の産業政策です。

【天笠】石炭と鉄というのは知られていますけど、化学肥料も入っていたのですね。

【大野】そうです。傾斜生産方針の中の一つの柱が化学肥料だったのです。

【天笠】戦後すぐは、機械化といっても、まだ最初の段階ということですが、農業機械が出てくるまでは、機械に代わるものといえば馬とか牛ですよね。

【大野】牛がいなくなるのが一九六〇年代に入ってからです。徐々に村から牛が消えていった。耕運機が最初に入るのが、やっぱりその時代です。耕運機が入って牛がいなくなっていきます。

【天笠】牛など動物がいなくなると、糞が無くなります。そうするとやはり化学肥料になりますね。人糞はいつ頃まで使っていたのですか。

【大野】東京近郊の農村部、八王子や町田あたりでも一九六〇年代後半まで、人糞を入れて発酵させる肥えつぼが野良にありましたが、東京オリンピックが行われた一九六四年ころに消えていきます。オリンピックでくる外国人に見られたら恥ずかしいというので埋めさせられた。町田の農家で農業改良普及員をしながら小説を書いていた農民作家の薄井清《うすいきよし》さんが

『都が土を狂わせる』（家の光協会刊、一九七〇年）という作品で書いています。とてもおもしろい本です。土壌学者の岩田進午《いわたしんご》さんが東京都清掃年報から作成したデータによると、一九五五年ごろには一〇アール当たり六〇〇キロ強の糞尿が農村に還元されていたのが、その後急速に下がり、一九六〇年代半ばにはゼロになっています。堆厩肥《たいきゅうひ》の施用量もそれほど急速ではありませんが、やはり下がり続けています。

米国の余剰農産物の受け入れ先に

【天笠】戦後の食糧難の時代に、食糧増産が叫ばれ、主要農作物種子法が施行されます。稲、麦、大豆の新品種開発に国が積極的に乗り出し、自治体の農業試験場をバックアップした。二〇一八年にこの種子法が廃止されますが、この法律が果たした役割は大きかったように思います。

【大野】戦後稲作の推移については育った村で、その後は取材者として田んぼや政策形成の現場でみてきました。食糧供給の安定に種子法が果たした役割は確かに大きかったと思います。それをいきなり廃止というのは乱暴な話で、何を狙っているのか疑問だらけです。同時に、種子法は理想的な法律でいじってはならないというような一部の人の論には違和感を持ちました。食糧不足の時代、国と道府県でおこなった安定多収品種の作出は種子法の功績なのですが、当時のコメ増産は種子だけでなく化学肥料と農薬の多投とセットでした。試験場での種子開発も、耐肥性という名のもとに化学肥料や農薬の多投を前提に行われました。その意味では、いびつな技術発展だったということもできる。

種子法でコメの品種の多様性が守られたという論者がいますが、これも疑問です。ぼくはむしろ逆だったのではないかと考えています。種子法が施行された当初は、コメ不足の解決のために安定多収品種の作付けが国策として推進され、在来品種は淘汰されていった。その後、コメ余りの時代に入り、市場性の高い、売れるコメ作りが推奨され、試験場の品種開発も「うまいコメ」品種に傾斜します。これも国策でした。試験場、普及所、農協がこぞってうまいコメ、売れるコメづくりを推進、コシヒカリ系の品種が日本の田んぼの七割を占めるといういびつな品種構成になってしまった。いまコメは消費減で市場が縮小する中で、各県間で激烈な市場競争が展開されています。こういう状況の中で、どのような種子開発のあり方が必要なのか、といった議論が種子法に反対する論者からも出されないまま、政府は廃止に突っ走った。ここに危機感を覚えます。

【天笠】戦後の食糧難がもたらしたものに、輸入食糧問題があります。朝鮮戦争終結前後に米国で食糧援助法（ＰＬ（公法）４８０）が成立した。その背景には、戦時中の米国内での食糧増産があった。ヨーロッパもアジアも、戦場が拡大して、食糧の生産力が奪われ、米国への依存が増していった。米国ではそのためヤレ作れ、ソレ作れ、と増産を行ってきた。戦争の直後は、第三世界での独立戦争が拡大して、新たな売り込み先として途上国が狙われた。しかし、朝鮮戦争が一段落を示すと、それまで増産を行ってきた小麦などが余り、その売込み先を探すことになった。ＰＬ４８０は、援助される側にエサをまいていました。低利で、長期の返済で、しかもドルではなく、現地通貨でという条件です。これにより米国に食糧を依存する体制を広めることに成功しました。それを受けて日本で学校給食法が施行され、いわゆる子どもたちへのパン食の義務化が始まった。アメリカ産の小麦、つまり余剰小麦を日本も買えというわけで、それで学校給食法の中でパン食の義務化というのが図られ、これによってパンが食卓の中に普及していくという、そういう事態が起きるわけです。当時の給食というと、コッペパンに脱脂粉乳というのが当たり前で、毎日続きました。このあたりから、日本がアメリカの余剰農産物の受け入れ先となっていくというような、そういう流れができたといえます。

【大野】その背景には、東西冷戦があると思うのです。朝鮮戦争が始まるのが一九五〇年ですが、その前に中国革命が起きて中華人民共和国が成立する。ヨーロッパにはベルリンの壁ができる。西側と東側とが、朝鮮半島の場合は熱い戦争だし、ヨーロッパの場合は冷たい戦争ですが、東西の対立が始まる時代に、アメリカの余剰穀物を東西冷戦の道具に使うのです。

ＰＬ４８０の前に、もう一つ日米相互防衛援助協定、英語表記の頭文字をとってＭＳＡ協定とよばれるものがあります。これは日本とアメリカだけではなくて、アメリカと中南米とかアフリカとか、それぞれ個別に、相互防衛条約というのを結んで、その資金に米国の余剰穀物を使うという仕組みです。例えば日本に小麦とかトウモロコシを送る。食糧不足の日本はそれを国内で売る。これがビジネスだとアメリカに代金を返すことになるのですが、日本政府はその代金を国内で積み立てて、防衛力増強に使う。その金が防衛産業育成に使われたり、アメリカの基地の援助に使われたりした。自衛隊の発足もこの頃です。そういう形で、東側に対峙する西側の軍事網が作られていく。だから戦争と食糧というのは切り離せない。

日本の農業政策、食糧政策もこういう枠組みの中で規定されていくのです。この時にすでに、コメ以外の、トウモロコシとか小麦とか大豆の生産と供給はアメリカに譲りましょうといった政策選択が、農業基本法を待たずに、暗黙の了解として出てくるのです。

【天笠】今でも安全保障というと三大安全保障であり、軍事と食糧とエネルギーといわれますけれど、この三つはまさにセットなんですね。

【大野】学校給食もその一環に組み込まれていたのですね。

【天笠】その頃、パンとか牛乳とかは進んだ食事である、米とみそ汁のそれまで日本の食事は遅れた食事みたいなイメージが作られていきます。日本人がスマートではないのは、食事が原因だ、といった言い方がされました。

工業優先の時代へ

【天笠】一九五五年に森永ヒ素ミルク事件[注3]が起きます。食品公害事件が起き始めた時代ですが、工業化して、増産を図る、やれ作れ、それ作れ、という号令が掛かると、安全性がないがしろにされるという歴史が繰り返されてきましたが、その端緒ともいえる事件でした。

森永ヒ素ミルク事件の場合、森永乳業は「母乳が遅れている、ミルクのほうが進んでいる」といったキャンペーンを行います。御用学者に動員をかけて、そういう宣伝をしながらミルクを売り込んでいく。御用学者もさることながら、その時は栄養士もまた巻き込まれた。そういう時代背景があるのですね。

この頃から食品添加物もどんどん使われるようになり、お汁粉とかジュースなどが粉を水に溶かすだけでできる時代になった。中にはほとんど食品添加物で作られるような食品まで出始めた。簡単さが受けて、瞬く間に広がっていきます。その背景には食の工業化、量産化があるわけです。戦後すぐの食糧難の時代が終わると、今度は食べものが工場で作られ、やがてスーパーマーケットなどで大量に販売されるようになっていきます。

その背景には、石炭から石油へのエネルギー革命があるわけです。安い石油が工業化を促進し、食料生産も工業化の時代を迎えた。農業にもその影響は及んだ。今のようにビニールハウスだとかマルチングのようなものが農村に入るようになったのは、いつごろでしたか。

【大野】各地の臨海地帯に石油コンビナートが建設され動き始めるのが、一九六〇年代で、農業基本法がつくられ動き出す時期と一致します。基本法農政の時代です。六〇年安保闘争が終わり、岸信介に代わって登場した池田首相の提唱した所得倍増計画にのって、日本経済全体が高度成長の時代に入ります。その中で成長戦略の柱は「石炭から石油へ」というエネルギー革命だった。総資本と総労働の対決といわれた三井三池炭鉱の大争議に炭鉱労働者が敗れ、エネルギー革命の邪魔者がいなくなった。それを受けて作られるのがコンビナートで、京葉、四日市、瀬戸内海沿岸といくつもの石油を中心にしたコンビナートが造られた。原油を産油国から運び精油して、そこから様々な石油製品を作る一貫した工場群が造られた。安い石油製品として、大量にビニールが作られ、農村にも押し寄せてきた。

【天笠】やはりエネルギー革命が大きかったのですね。ビニールハウスやマルチングなどが入る前には、農業の現場には何があったのですか。

【大野】その前は油紙[注4]だったのです。当時、園芸王国といわれた高知がそうでした。油紙の温室です。寒冷地稲作に革命をもたらしたといわれる保温折衷苗代[注5]も油紙でしたね。これは農民と現場の技術者が共同で作り上げた等身大の技術です。

【天笠】エネルギー革命は等身大の技術を奪うことでもあったのですね。

話が変わりますが、一九五八年にチキンラーメンが発売されます。工業的加工食品の登場で、戦後の食を考えた際に象徴的なものだといっていいと思います。米国産小麦と食品添加物で作られているといっても過言ではありません。

この頃の食の問題で大きかったのは、この食品添加物の登場と、食の生産の工業化だと思います。それまでは、基本的に畑や田んぼで作られ、海で収穫された食べものが、町や村の小さな商店で売られていた。それが食品が工場で作られるようになった。これが、カネミ油症事件に象徴される、カネミ倉庫といったとんでもない企業が食品を作り出すようなことが出始め、食品公害事件の原因になっていったといえます。

【大野】チキンラーメンは学生時代によく食べた。みんな腹減るからあれを大量に買ってきて食べるのだけれど、置いているうちに油が変質して蕁麻疹《じんましん》ができたり、肝臓を傷めたりする。それでもやっぱり安くて美味かった。

【天笠】お湯を注ぐだけでできるので、とくに食欲旺盛だった若者はよく食べていました。

スーパーマーケットがまだ走りの頃だと思うのですけれど、食料を工業生産しようという代表的な製品ではないかと思います。大手の食品メーカーが作ったものが全国展開する流通が形成されていく。大手のスーパーがあちこちに出来てきて、工場で作ったものが全国に配送され、そこで買うというような、そういう流れができていく走りでした。

【大野】インフラとしては高速道路ができる。第一号が東名高速道路で、東京オリンピックの前年の一九六八年に部分開通しました。輸送革命がはじまり、農産物の輸送が、貨車からトラックに変わる、という大きな変化が起こる。高度経済成長が始まって、最初は若い娘、次いで次男、三男、長男と順次農村から若い労働力が都会に流れていく。全国から若い人達が集まってきて、大東京圏、大都市圏ができる。六〇年代初めからの動きです。その人達が世帯を持つ。当時の大きな社会問題のひとつは住宅問題でした。大都市近郊に低層から高層のさまざまな住宅団地ができます。

その団地に地方から出てきた若い労働者夫婦が住む。低賃金だから労働力を再生産するためには、安い農産物でなくてはいけない。低賃金低農産物価格と呼んだ。この論理は安い農産物の輸入と食料自給率の低下という形でいまも貫徹しています。安い農産物を作るためには大量生産をしなくてはいけない。そこで出現したのが単一作物を大量に作る産地です。村全体がレタスだらけという長野県川上村のような村が生まれます。それが、高速道路に乗って都会に運ばれる。それを受けるのが、新しい業態として出現したスーパーマーケットです。こうして安い労働力が再生産される。大量生産―大量輸送―大量消費のシステムが作られ、最後は夢の島[注6]に持って行って大量廃棄して、このシステムは完結する。あとは野となれ山となれ、です。

【天笠】一九六〇年代に入る分岐点で、三井三池闘争と安保闘争がありました。この二つの歴史的闘争について、改めて考えてみたいと思います。三池闘争は、石炭から石油へというエネルギー革命が、石炭鉱山を次々とスクラップしていく中で、取り組まれました。炭鉱労働者の犠牲の上に、石油の時代がやってきて、高度経済成長が始まったといえます。この点については後程、基本法農政の問題として考えていきたいと思います。もう一つの安保闘争と農業の関係について、大野さんはどう見ておられますか。

【大野】一九六〇年に改定された日米安全保障条約はそれ以前の日米安全保障条約とはかなり違うものになっています。軍事面で対等性がやや加わったと同時に、経済条項が入ったのですね。条約の前文と二条に書かれているのですが、日米間の経済的関係でくい違いが出たときは、お互い調整しあうという条項です。当時、日米での力の差は圧倒的でしたから、調整といってもすべて米国の言い分を飲むという結果に終わります。農業大国でもある米国は常に余剰穀物を抱え売り先を探していました。日本はその格好の市場になった。軍事と経済を絡めて迫られると、断われないのです。そこで日本政府はコメは自給するが、他の穀物は米国に頼るという食糧政策をとります。小麦、大麦、トウモロコシ、大豆といった主要穀物はすべて輸入に頼った。現在の日本の食糧自給率のいびつさはここに要因があります。

このことは自給率だけでなく、日本の農業生産構造にも影響をあたえます。コメへの偏重とそれによるコメ過剰の発生、減反、米国の安い穀物をエサにすることで成立する工場型畜産も日米安保が背景にあって成り立ちます。ぼくは当時、田舎の大学で安保粉砕闘争に明け暮れていたのですが、実はこのことには気がつかなかった。農業経済学者でもこのことを正面から主張していたのは、もう亡くなられた方ですが、美土路達夫《みどろたつお》さんという方だけでした。

学校を出て新聞記者になって、茨城大学の農学部学生自治会で安保粉砕闘争をやっていた人に会い、当時茨城では安保は納豆をつぶすということで納豆屋さんと組んで、納豆ストをやったという話を聞きました。

注1　ロッチデール　協同組合運動の先駆者となった生活協同組合で、英国ランカシャーのロッチデールに一八四四年に開設された。後にロッチデール原則が体系化され、現在の協同組合の礎になる。

注２　ライファイゼン(Friedrich Wilhelm Raiffeizen、一八一八～一八八八）ドイツの農業協同組合の創始者。協同組合中央会、農協銀行などの金融機関、共同購入の機関といった三つの中央会を設立、農協の礎を築いた。

注３　森永ヒ素ミルク事件　一九五五年に森永乳業徳島工場で製造された調製粉乳にヒ素などの有害物質が混入したことで、中国・近畿地方を中心に乳幼児の間で、一三〇人以上の死者、一万三〇〇〇人以上のヒ素中毒をもたらした事件。多くの人が今日に至るまで後遺症に苦しんでいる。

注４　油紙　厚手の和紙に油などの乾性の油を浸透させ乾燥させたもの。古来の雨傘などにも用いられていた。

注５　保温折衷苗代　水苗代と陸苗代を折衷したもので、浅水にして種もみを播き、温床紙で覆う。温床紙には油紙を用いた。太陽光で保温され、健苗が育つ。寒冷地の稲作に安定をもたらした。農民と現場の農業技術者が開発した。

注６　夢の島　一九六〇年代、巨大化する東京が排出する大量のゴミを東京湾に埋め立て、新しい土地を造成、夢の島とよんだ。実際は悪臭とハエ、ネズミが大発生し、社会問題になった。

第２章

基本法農政とコンビナート建設の時代

コンビナート列島が形成されていく（鹿島コンビナート）

日本の海外線が埋め立てられていく

戦後農業の最大の転換

【天笠】戦後農業を大きく転換させたのは、一九六一年に施行された農業基本法より始まった、基本法農政といっていいと思います。やはり大きかったのは、池田内閣の所得倍増計画でした。農民を三分の一に減らすといい、農業の労働力を工業の労働力へという、そういう大きな流れを作りました。高度成長と軌を一にして、農村は労働力を奪われ、機械化や化学化が進行し、一方で健康破壊も拡大しました。

【大野】集団就職というのがあった。いまの世代はわからない言葉でしょうね。中学校を卒業した子どもたちが大挙して大都会に就職する、春にはその子たちを満載した就職列車が田舎の駅を次々と発車する。六〇年代後半までみられた光景です。中卒の子どもたちばかりでなく、最初は若い女性、次いで次男、三男、長男、そしておやじたちが季節出稼ぎで、という形で怒濤のように農村から都市に大量の人が出て行った。当時春日八郎が唄った「別れの一本杉」という流行歌が流行りました。村のはずれの一本杉で都会に出て行ったまま便りのない恋人を想って嘆く村の若い男の歌です。

【天笠】基本法農政と軌を一にして新産業都市計画[注1]、工業整備特別地域[注2]など全国総合開発計画の時代が始まり、コンビナート建設が各地で始まりました。そのコンビナート建設と基本法農政は、ちょうどセットみたいになっていた。

【大野】この時代、農業の構造も技術もガラッと変わる時代だったですね。やっぱり一番大きい戦後農業の転換点です。

【天笠】基本法農政によって、農村労働力を工業へという流れが本流になりましたが、これは工業側から見ると、安い労働力を農村に求めたわけです。農村には安い労働力がたくさんいるということで、次々に工場の現場に送り込んだ。

【大野】農業技術でいうと、それまでの農業技術は人手に頼る労働集約型の技術でした。その人手がなくなった。人の手の技術から機械や化学資材を使う技術に置き換えていくことになる。基本法農政とは何かを一言でいうと、ぼくは「五つの化」と呼んでいるのですが「機械化、化学化、装置化、大規模化、単作化」です。大型農業機械と化学肥料・農薬で労働生産性をあげ、つくる作目を絞って経営規模を大きくするというやり方です。小規模なところにいろんなものを作り、それを作りまわすというこの列島の風土や地形にあった農業の形がこの時期から急速に壊れていきます。

農業基本法を作るときの議論で、二戸は都会に出ていってもらい、三戸を一戸にするということが具体的に出ています。当時六〇〇万農家といってたのですが、農村に残るのは二〇〇万で、あとは都会に行ってもらい、安い労働力になってもらうという方針が政策目標としてかなりはっきり出ています。今は、販売農家[注3]で二四〇万ぐらいかな。五〇年ぐらい経って実現した。それ貧農切り捨てだというので、農民運動が起こります。

【天笠】農村には貧富の差は、はっきりとあったのですか。

【大野】農地改革で土地所有が均分化され、それぞれがみんな土地持ち農家になった。戦前の一〇町二〇町、あるいは千町地主なんていなくなって、みんな、一町から二町、大きい人で三町ぐらい。そういう意味では、貧富の差はほとんど無かった。貧富の差よりも、労働力の差が大きかった。どれだけ農業労働力があるのか。労働力のある農家が栄えて、無い農家には金が入らなかった。労働力の有る無しは、世代交代で変わります。労働力ある農家は栄えるが、世代が代わり、労働力となる家族が少なくなると貧乏した。しかし、子どもがたくさん生まれて労働力が豊富になると豊かになる。そういう感じの貧富の差だった。

【天笠】あまり構造的な話しではないですね。

【大野】構造的な話しではない。それを構造的に変えようというのが農業基本法です。三戸を二戸に、更に一戸にして、労働生産性を上げなきゃいけない。そこに莫大な補助金を付けた。

【天笠】日本の農業はやはり、水田が主役というところがあった。そのため農業にとって水の問題は大きいわけですが、そのあたりの変化もあったのですか。

【大野】農業基本法以前の水利権の主役は農業水利権でした。しかし、都市への人口集中と工業化の進展の中で一九六三年に河川法が改正され、工業用水、都市用水が主役に躍り出ます。農業にまわす水が次第に削られていった。

【天笠】私が当時取材した問題のひとつに、茨城県の鹿島コンビナート建設問題があった。このコンビナートを作る際に、北浦の水を、鹿島コンビナートに引っ張っていく。それまでの北浦の水は塩分がわずかに混じっていて、大変良い漁場を形成していた。しかし塩水が入っていると工業用水として使えないというわけで、利根川への出口のところに逆水門を作って、北浦の水を淡水化した。それにより北浦の漁業は壊滅的な打撃を受けるわけです。そういうことはあちこちでありました。それによって環境は壊れていく。工業地帯ができると、周囲の環境は破壊され、農業ができなくなっていくところも増えていった。それでも最も大きく破壊されたのは、埋め立てや海洋汚染でダメージが大きかった漁業の方でした。当時、日本中のさまざまなところで、漁民の反乱が起きていた。

コメから見た日本農業

【天笠】水田の問題に戻りますと、日本の農業はやはりコメ中心です。そのコメから見た時、当時の農業はどうだったのでしょうか。

【大野】気候風土も地形も多様な日本列島では、農業の形も多様でした。それが〝みずほの国〟といわれるようになるのはコメが美味しいということもありますが、国策が大きく影響しています。その話はさておき、農業基本法の時代、列島の田んぼの風景は大きく変わります。米麦二毛作という東アジア特有の水田農業が消え、米作だけになってしまった。それまでは六月田植え、一〇月から一一月に稲刈り、並行して麦まき、五月から六月に麦刈り、というサイクルで、年中田んぼは緑と黄色で埋まっていたのですが、半年は赤茶けた大地が顔を出すようになった。

先ほど日本政府は「コメは自給するが、他の穀物は米国に頼る」という食糧政策をとったと申し上げたのですが、それを政策として定式化したのが基本法農政の柱の一つである「選択的拡大」でした。これには二つのねらいが込められていました。経済の成長につれ国民の所得が上がり、それまでの炭水化物中心の食生活からタンパク質や脂肪を食べるようになる、つまり食の洋風化が進むから、農業生産もそれに合わせるという「選択」、これが一つです。もう一つは、米国が輸出したがっているトウモロコシや小麦、大豆の供給は米国に任せ、日本は作らないという「選択」です。具体的には日本の穀物生産はコメに特化するという政策選択が採用された。

そして始まったのが麦の安楽死政策でした。当時麦価は食糧管理法によって政府が決めていたのですが、それを人為的に下げていって、麦を作っても作るだけ損をするという状況を作りだして、麦づくりを止めさせるように誘導した。それが、一九六〇年前後からはじまり、一九六五年になったらほとんど麦は残ってなかった。この列島の風土が作り上げてきた米麦二毛作の崩壊です。こうして日本の田んぼはコメ単作になる。あとの半年を寝ているわけにはいきませんから「コメ＋兼業」という形態が一般的になっていきました。

他の作物はどうかというと、ここでも大規模単作農業が出現します。そのひとつが工場型の大型畜産の出現です。米国から入ってくる安い穀物をエサに採卵鶏、肉鶏、養豚、肉牛で舎飼いの大型畜産が始まった。野菜や果実でも大規模化と施設化がはじまります。そういう形で農業が変貌していく。

【天笠】かつて大野さんに伺った時に、以前の日本の農業は理想的な農業の形だったと話されていた。お米が表作、裏作に小麦を作って、それでいわゆる家畜も少し飼って、果樹も少し作って、野菜も少し作って。家畜の糞を堆肥に使うなど、自然循環の中で無駄なく行っている。小さいけれどきわめてエコロジカルな仕組みの中で、農業というのは営まれていた。これがいわゆる小規模家族農業の単位だったという話しでした。それがどんどん崩されていく形になってしまうというのが、選択的拡大というものです。それが戦後日本の農業だ、という話をされていた。それが崩れ始めるのは、やはり一九五〇年代後半からですか。

【大野】そうですね。朝鮮特需[注4]で国内の経済が戦前水準を超えて、まもなく高度成長に入る助走期間です。財界が「農業の曲がり角」みたいなことをしきりに言って、日本の農業は生産性が低く経済性がないから、それを改革しろみたいな、いまと同じような議論をしていました。

注1　新産業都市計画　一九六二年に制定された新産業都市建設促進法で指定された地域のこと。北海道道央から大牟田・不知火まで一五カ所が指定され、水島や大分などのコンビナート建設をもたらした。

注2　工業整備特別地域　一九六四年に制定された工業整備特別地域整備促進法によって指定された拠点開発地域。この法律は、一九六二年に策定された全国総合開発計画を進めるために、新産業都市に準じる位置づけで六カ所が指定され、鹿島や周南などのコンビナートの建設をもたらした。

注3　販売農家　経営耕地面積が三〇アール以上又は農産物販売金額が五〇万円以上の農家をいう。

注4　朝鮮特需　一九五〇年に勃発した朝鮮戦争に伴って、アメリカ軍から膨大な軍需物資が日本に発注された。それが日本の鉱工業、建設業に好景気をもたらし、日本経済を成長の軌跡に乗せた。

第３章

新たな農民運動と有機農業運動の始まり

三里塚に広がる畑

日本中で建設工事を支えた農民

農民運動も新たな時代へ

【天笠】 高度成長期の一九六三年に、中小企業基本法が施行されます。これは食品問題を考える際に重要な意味を持っていると思います。この中小企業基本法は、政府によると中小企業の近代化を図るためといっているのですが、逆に言うと、近代化ができない中小企業はつぶすという考え方でした。そのため、それまで消費者に食べものを提供してきた多くの工場や店舗が、中小零細企業でしたので、そのような工場や店舗が次々と消えていくことになりました。裏返すと、大手食品メーカーとスーパーの時代をもたらしたといえます。

当時、町のパン屋さんがたくさんあったのですが、次々とつぶれ、山崎製パンのような大手の製パン企業が大きな工場で量産して、全国に配送する仕組みがつくられていきました。それは同時に、食品添加物を多種類使い、長持ちさせないと全国配送できませんので、工業製品としての食料が闊歩《かっぽ》するようになったといえます。

当時食品企業も寡占化が進み始めた。味の素、山崎製パンなど大手食品企業の市場占有率が増え続けていった。他の産業を見ても、高度成長期にコンビナートが出来て、大量生産大量消費の時代が来て、それと同時にさまざまな矛盾が生じて来た。最大の矛盾は、環境破壊や食品公害、薬害など、経済成長至上主義がもたらす歪《ゆが》みであり、それによる人体破壊です。裏返すと、安全性や環境への配慮を行わないことで、高度成長が可能だったとも言えます。農業の現場でも、健康破壊が問題になってくるわけですが、最大の健康破壊は、四大公害訴訟（イタイイタイ病、熊本水俣病、新潟水俣病、四日市ぜんそく）に象徴される企業犯罪にあるわけです。

高度成長期には、農業からさらに労働力が奪われていく時代でもあるわけです。その時期に三里塚空港建設反対運動が始まった。この運動は、日本の農業の歴史で、ある意味、象徴的なケースじゃないでしょうか。この時代、公共の事業のために農民から土地を奪うといった、公的な力が、いわゆる市民の権利を奪っていくようなケースがあちこちで起きます。そういう時代で、それが高度経済成長をもたらした。青森県にコンビナートを建設しようということで始まった、六ヶ所村での用地買収なども、まったく同じ構造ですね。コンビナートや原発建設が進み、工場が動き出すと環境破壊が起き、これらの構造に対抗して住民運動が各地で起き、盛り上がった時期でもあります。公的な権力で土地を奪われることに対して、いわゆる国家権力対それによって権利を奪われる人達の闘いといった構図が日本各地でできていきます。

【大野】北富士の入会権闘争などもそうですね。

【天笠】それと同時に水俣病だとか、公害被害者の闘いや裁判闘争も始まる。瀬戸内海では漁民会議が結成されて、コンビナートがもたらす環境破壊とたたかっていた。そういう時代です。その中で農民運動を象徴するのがやはり三里塚闘争だと思います。

【大野】この頃は農民の運動としては、一つは米価をめぐる農産物価格運動があった。これは農協も参加して、農協が自民党に働きかけて、農民組合が社会党に働きかけて、分担してやっていた。それから土地闘争があり、三里塚があった。他に出稼ぎの運動があった。一九六〇年代から七〇年代に田中角栄が出てきて、農村地域への工業導入を行う。一九七〇年代初めぐらいまで、百万人ぐらいの出稼ぎ農民が、建設現場や工場にみんなで出ていった。当時僕も取材で、東北を歩いていて、男が一人も居ない村が出てくるといった状況です。

最後まで爺ちゃんは残った。そのうち爺ちゃんも出稼ぎにいって、爺ちゃんもいなくなる。当時、農村では六〇歳ぐらいまで村にいたら、恥ずかしくて、世間に顔を出せないぐらいでした。村から男がいなくなるのです。みんな出稼ぎに行って、一一月収穫後に出ていって、三月に帰って来る。田植え準備でその間約半年を東京の飯場で稼いだりして、それでそのお金を持って帰って、そして家や子どもの教育費や農業機械代などを賄《まかな》った。子どもたちはみんなその金で大学に行って村に戻って来ない。村の消防団が作れなくなって、女消防団ができるみたいな記事を何本も書いた。

この間メキシコに行ったが、ある村に行ったら、七割がアメリカに行っちゃっているという。そこで、日本でもこうだったよと言ったらびっくりしていた。

【天笠】出稼ぎ闘争とは、どのような闘争だったのですか。

【大野】一つは、労働条件改善闘争で、飯場の条件を改善するとかです。最初はほとんど権利が無かったのです。風がひゅーひゅー通るような飯場に押し込められて、暖房も無いようなところでした。あまりの寒さに電気コンロを使い、火事を起こして人が死んだりした。そのようなところですから、労働災害が多くて、随分死んだ人がいた。賃金も安いし不払いがあった。そういう出稼ぎ先での闘いは、かなり広まりました。出稼ぎ組合というのが作られ、労働条件の改善に取り組んだ。もう一方で、地元では出稼ぎしないで食える農村を作ろうという運動も生まれた。青森県のニンニク産地はそういう運動の中で作られたものです。茨城ではコメ単作ではダメだということで、「コメ＋アルファ」の営農体系をつくろうと養豚をいれたりしたところもある。農協も随分そういうことをやっていた。

ゼネコンを支える労働力

【天笠】出稼ぎ労災問題では、山形県白鷹町に入ったお医者さんの天明佳臣《てんみょうよしおみ》さんが、『しらたか通信』（家の光協会刊、一九七七年）を出しておられた。それを読むと、大変深刻な問題だなと感じましたが、当時、農家が、出稼ぎにいく先というと、やはり主にゼネコンですよね。

【大野】ゼネコンといえば、高速道路、新幹線、トンネルがありましたが、加えて、高度成長を遂げていた自動車産業がありました。日産とかトヨタに随分行っていた。鎌田慧さんが季節工になってトヨタに入り『自動車絶望工場』（現代史出版会刊、一九七三年）を書いたのは、ちょうどその頃です。新聞記者仲間が当時日産を取材した。人事部を訪ねたら、「出稼ぎ労働者の担当は資材課です」とか言われてびっくりした。出稼ぎは労働者ではなく資材なんです、物なのです。

【天笠】自動車が高度成長の牽引役だった。日本のコンビナートというのは製鉄と電力と石油化学と石油精製のこの四つがセットになっているのですが、基本的に、自動車産業がないと成り立たない構造になっている。コンビナートはそのため多くの場合、自動車工場が近くにあるか、自動車工場まで運びやすいところというのが条件だった。

例えば新日鐵がなぜ君津に進出してきたかというと、対岸に日産の追浜工場があるとか。鉄とコンビナートと自動車は繋がっている。だからトヨタは北九州にも行きますけど、北九州にも付近に多数のコンビナートがある。日本の経済の牽引役はいまも昔もやはり自動車です。だからアベノミクスもやっぱり自動車です。相変わらずトヨタなんです。
コンビナートは、同時に集中して立地し、二四時間三六五日稼働し、スケールアップを行うことで、最大限の経済効率を図った。その工場の原料となる石油や鉄鉱石、コークスなどは、ほとんどすべてを海外に依存し、船で運ばれてくる。そのため海に立地して大きな港をつくる必要があった。こうして北は苫小牧から、鹿島、四日市、水島、大分など、埋め立てられた海辺に巨大な工場群が出現したのですが、その工場でできた製品を輸送し、販売するため、高速道路網の建設が行われ、人々の移動が増えることから新幹線網の建設が進み、工場やオフィス間をつないだ人やモノの流通が頻繁になっていった。

【大野】自動車を走らすために高速道路とか道路整備が全国で進められていた一九七〇年代から、村が大きい国道で繋がると、その人口がどんどん減っていくという現象が起こった。東洋工業（現在マツダ）の技術者だった田中公雄《たなかきみお》さんが、日経新書『クルマを捨てた人たち』（一九七七年）の中でかなり実証的に書いていた。

【天笠】私の友人が、山梨で農業やっているのですけど、中央自動車道が通る時に、タダ同然で、提供を強いられたっていっていました。このように、上からのほとんど強制ともいえる、土地の収奪が横行していました。

【大野】県あげての道路誘致だから、その中では、もう個人の反対する声とか、特に百姓の声なんていうのは弱いですから、逆らえないですね。

さっき天笠さんが指摘された成田空港建設がそうでした。空港が作られた三里塚は戦後開拓地が中心です。戦地から復員してきた人とかが入って、木の根っこを掘り起こして、笹藪を起こしてやっと、一人前の畑になった時に、閣議決定でここに国際空港をつくるから出て行けと言われた。一九六六年です。空港敷地には旧村も入っていました。それは代々受け継がれたもので、水が豊かな低地にあり、緩やかな山が続いて、一番高いところでも標高四〇m。そこが開拓地だった。谷筋で米が作れる。空港敷地はその両方を含むのだけれど、メインは開拓農民で貧しいから「金やりゃ売るだろう」と、たかをくくって土地買収をやった。それでみんな怒った。三里塚闘争は百姓の意地をかけた闘いです。

三里塚では当時、絹のコンビナート構想というのがあった。農業基本法の農業構造改善事業で、桑の生産から蚕を飼って、それを共同飼育して繭をとり生糸にするという構想です。高収益の付加価値の高い農業を作れる、ということで農水省から持ち込まれていた。若い世代はそれに賭けていた。その一人、石井恒司《いしいつねじ》さんはちょうど高校を出た時に、絹のコンビナート構想が出てきた。それに乗って、みんなで桑を畑に植えた。彼は研修のために信州大学繊維学部に一年間研修に行った。戻ってきたらコンビナート構想は消し飛び、ここを国際空港にするという。彼は怒って土地を売らず闘い続けた。農業と近代化国土開発政策のせめぎ合いがやっぱりあった。結局、農業が負けるのです。

農薬問題と有機農業運動

【天笠】一九六〇年代前半に起きたことで大きな出来事に、農家の健康破壊、特に農薬汚染の問題がありました。それを告発したのがレイチェル・カーソンの『沈黙の春』ですが、アメリカで刊行され、日本でも翻訳され大変な反響を呼びました。一九六四年に日本でも『生と死の妙薬』というタイトルで新潮社から発行されました。すでに農薬が、戦後の農業技術の一つの柱になっていた。

いわゆる総合農政が登場して、減反が始まる前に、農薬の問題について見ていきたいと思います。農薬の問題が出てきて、被害が拡大して、有機農業運動が始まります。当時は、有機農業運動というと、最初は変人の運動と見られていた。当時、東京都立大学の助手だった高松修《たかまつおさむ》さんなどが「たまごの会」の活動を始められますが、そのような活動がいろいろなところで始まる、そういう時代でもありました。有機農業運動というのは、農薬や化学肥料が一般化する中で、基本法農政以降の近代化農政に対するアンチというようなイメージでもありました。

【大野】日本有機農業研究会が発足するのは一九七一年です。その前は、農村部で医療活動に携わった医師などが中心になって作った日本農村医学会が農民の健康問題と絡めて農薬の害を研究し、警告を発していました。その中心を担っていた長野県佐久総合病院の若月俊一《わかつきとしかず》さんも、日本有機農業研究会の設立メンバーに入っている。日本有機農業研究会には、幾つかの流れがあって、農協人、作家有吉佐和子《ありよしさわこ》の『複合汚染』(新潮社刊、一九七五年)でショックを受けた消費者、そして当時者の農民、さまざまな流れが合流する。

一九六〇年代、農薬の最初の被害者は農民でした。たくさんの人が死んだり中毒になったりした。最初は急性中毒で死んだりしたのですが、それはパラチオンなどの強い農薬を使っていたからです。夏、田んぼに撒いて、当時だから、あんまり防護など考えないから、裸で撒いたりして、撒き終わってひとっ風呂浴びて、ビール一杯飲んだら、皮膚や呼吸を通して体内に入った農薬成分が体中を回って死んじゃったとか、朝起きて来なかったとかいう、急性中毒が激増する。また農村でその農薬をあおっての自殺も多発した。当時、そんな記事をたくさん書きました。

それで農村の中で、特に農協の婦人部から「こんな農薬を使うの嫌だ、安全な農薬にしてくれ」という運動が始まり、全国運動になります。農薬メーカーはそれを受けて低毒性農薬開発に向かう。そうしたら急性中毒は無くなるのだけども、慢性毒性が問題になり、癌や肝臓など健康障害を引き起こす。農村医学会はこうした臨床データを綿密に積み上げ、警告を発します。一九六〇年代農薬に対する闘いは、農民の中からまず出てくる。

一九七〇年に入って、今度は食べ物に蓄積するということが出てきて、それが食の安全問題や環境問題になっていく。消費者の登場です。

【天笠】若月さんは、急性毒性が強いパラチオンのような有機リン系農薬について、「ナチスの亡霊」という言葉を用いていました。ナチスが毒ガス兵器として開発したものが、日本の農民を苦しめている、と。殺虫剤では、その有機リン系農薬やＤＤＴ，ＢＨＣのような有機塩素系農薬が農家の健康を破壊していきます。この有機塩素系農薬もまた、アメリカ軍がジャングル戦対策で開発したもので、除草剤でもＰＣＰのような強い農薬が問題になりましたが、その後、除草剤ではＰＣＰが規制されると、ＣＮＰのような農薬が低毒性を売り物に出てきました。しかし、このＣＮＰも実はダイオキシンが含まれ、けっして低毒性ではないことが後に判明していきます。そのＣＮＰに代わって、今度はグリホサートが登場しますが、それがいま発がん性などで問題になっている。このように農薬の問題というのは、禁止され新たに登場した低毒性といわれるものが、実は低毒性ではなく、また禁止されていくという、その繰り返しの歴史のような気がします。

当時は環境問題がクローズアップされていたので、農薬に加えて、合成洗剤、工場の排気ガスや廃水などが複合的に人々の健康を破壊しているということで、複合汚染という言葉が登場した。有吉さんの本から強い影響を受けた人たちがだいぶいたようです。そういう人たちが有機農業を始めたケースも多かったと思います。

【大野】当時、有機農業を始めた農家、何人も知っていますが、みんな、身体を壊している。あるいは農薬で家族が死んでいる。それで、もう農薬捨てましたっていう人が多かった。

【天笠】水俣病の被害が明らかになり、有機水銀を長期にわたって摂取することの危険性が示されたので、水銀剤も問題になった。

【大野】有機農業には二つの流れがあって、一つは、農家自体からの動きと、それからもう一つは、都市の側から、消費者から農薬使わないように求めた動きです。後者のほうについて言うと、代表的なのは、千葉県の三芳村の農家と東京の消費者との提携です。「安全な食べ物をつくって食べる会」という東京の消費者グループが、つてを頼って三芳村まで出掛けていって、農家と会って「農薬使わない農作物作ってください」ということで話し合う。

前者の農家の動きでは世田谷の農家の大平博四《おおひらひろし》さん、福島の村上修平《むらかみしゅうへい》さん、山形県高畠町の星寛治《ほしかんじ》さんといった農民有機農業運動の先駆者がいた。当時は農民出稼ぎの全盛期で、村の農業のあり方を変えよう、出稼ぎしないで食える農業を自分達で作ろうと村の青年たちが動き出し、星さんをかついだ。若手では埼玉県小川町の金子美登《かねこよしのり》さん。そこから始まった有機農業運動です。もう一つは三里塚型有機農業です。日本有機農業研究会が発足するのと同じ時期、空港建設に反対し「農地死守」を掲げて青年行動隊を作って国家と闘っていた地元の農業後継者が、同じ国家が進める近代農業をやるのはおかしいと一斉に農薬を捨てた。いま七〇歳代になっている団塊の世代です。

彼らの話を聞いたことがあります。闘争の中で逮捕され、刑務所にみんなぶち込まれる。「刑務所の中でつくづく俺考えたんだよなあ、土地を守るって闘ってる時に、その土地で、国の近代化農政に乗っかって、化学肥料なんか使っていて良いのだろうか、と悩むわけだ。これはやっぱ別の農業やらないと間尺が合わない、ってことになった」。

有機農業運動にもいろんな流れがあります。

【天笠】団塊の世代で、学生運動に取り組んでいた人達が、大学内で生協運動にも取り組んでいた。私も大学の時に自治会で活動していたし、生協の総代でもあった。大学出た後、学生の時に生協活動を行っていた人たちが、あちこちで生協を作り始め、運動を始めた。あるいは「大地を守る会」のような産直運動として始めた。その際提携は、やっぱり有機農業でなければいけないとなった、考え方の転換の時期だったのでしょうね。

【大野】ぼくは六〇年安保世代で、樺美智子《かんばみちこ》さんが国会突入闘争で亡くなった夜、安保反対でゼネストを打った国労の山陰の拠点米子駅の構内で、列車を止めるために線路を枕に寝転がっていた。梅雨で、雨が降っていました。それから一〇年たった一九六〇年代末から七〇年代にかけては、米国で公民権運動が動き出し、ベトナム反戦運動があり、ヨーロッパでは緑の運動が生まれ、パリで五月革命が吹き荒れた。日本でも公害反対運動、ベトナム反戦、天笠さんもその渦中にいた全共闘運動と、疾風怒濤の社会変革運動が次々出てきた時代です。有機農業もその一環というふうに見てもいいのだろうと思います。

【天笠】そのダイナミズムが無いとこれだけ有機農業運動という形にはならなかったかも知れない。日本消費者連盟もこの時期に設立されるわけです。それまでの消費者運動とは異なる、告発型の消費者運動の登場もまた、この時代と無縁ではないといえます。

【大野】社会運動として始まったことは確かです。学生運動やっていると就職できないし食えないから、食うためにも生協を作ったところがある。それがいま、有機農業運動とつながって活動している。

第４章

総合農政と農業切り捨ての時代

日々、輸入作物が陸揚げされていく（博多港）

放棄された田んぼ

減反政策始まる

【天笠】一九七〇年代の食の問題で起きた大きな出来事というと、大阪で一九七〇年に万国博覧会が開催され、この時初めて、日本で最初のファーストフード店として、ケンタッキー・フライドチキンが出店したことが、まずありました。さらに、食品産業の寡占化が進み、工業生産が当たり前になりました。スーパーでは大手食品企業が工場で生産した食品が一般化し、次に外食産業が拡大を始めます。ファーストフード店だけでなく、ファミリーレストランも登場し、調理室を持たない、工場で量産した食品を電子レンジで温めるだけといったレストランが広がっていきます。それに伴って町の食堂がなくなっていきます。

この時代の農業の象徴が減反政策だと思います。総合農政が始まり、米の生産調整ということで減反政策が始まります。始まるのが一九七〇年二月ということで、これ以降のコメを作るなという歴史について、振り返ってみたいと思います。

基本的な話になりますが、コメ余りの原因は何なのですか。

【大野】背景には日本の食糧政策のゆがみがあると思います。戦後まもなく米国の穀物への依存がはじまり、六〇年の日米安保条約改定で、コメは自給、それ以外の穀物は輸入という形で制度化されたことは先ほど話しました。その結果日本の田んぼはコメ単作が拡がるのですが、農業技術的にいうと米作から季節性という制約が外れたということでもあります。米麦二毛作の時代は麦刈りと養蚕の夏蚕《なつご》がかぶり、田植えはほぼ六月に限定され、農家は死に物狂いで働いた。それは農家が作期を選べないということでもあった。コメ単作になると、自由に作期が選べる。その時言われたのが、早播き早植え早刈り、三早《さんそう》栽培という言葉でした。三つの早い栽培というのがまず言われるのです。麦が無くなった後です。そうすると、秋の台風の前に収穫できる。農作業に余裕が出ますから、品種の選択にも自由度が増し、増収技術も上手く当てはめられる。水管理をどうするか、いつ肥やしをやるかというような、いわゆる肥培管理が、自由に決められる。

当時、稲作技術者によってさまざまな肥培管理が提案され、新しい稲作技術が出てきます。代表的なのはＶ字型稲作といわれた松島省三《まつしましょうぞう》さんが開発した肥培管理技術です。松島方式といわれた。元肥と追肥を重視し、窒素を十分にやり、中間の出穂一カ月前に欠乏させるというやり方で増収を狙ったものです。松島さんは農林省（当時）農業技術研究所にいた稲作研究者で、松島理論は増産時代をリードしました。農業試験場も化学肥料の多投に耐える耐肥性の多収品種に力を注ぎました。こうしてコメの収量がどんどんと上がった。

二つ目はコメ消費の減少です、経済成長によって所得が上がり、食生活が洋風化して高タンパク、高脂肪、高カロリーの食事をとるようになって、コメの消費が減ってくる。これも結構大きい。消費の面と生産の面、それが合わさった。

三つ目は価格政策です。食管制度がまだ生きていた。食管制度というのは二重価格制で、生産者には生産費を補償して、再生産してもらう、消費者には当時の労賃で買える消費者米価にして労働力を再生産してもらう、ということで続いてきた。コメを作っていれば、一定の再生産を保障された価格が得られるということになります。そこで生産者は収量の多い品種をみんな選んで作った。それでコメが余ってきた。当時、食管制度は政府が無制限に買い入れるという制度でした。財政的にどんどん赤字が溜まる。これじゃたまらんというので、コメの生産を抑えようということでコメの生産制限が始まります。これが減反です。一九七〇年に一時の緊急避難として始まり、形を変えながらいまに続いています。

【天笠】食管制度というのは、そういう意味では農家を支える大切な制度だったのですね。

【大野】大切な制度でした。僕は今、食管制度に戻せと言っている。

【天笠】しかし、財政赤字が問題になり、食管制度は批判され廃止されていくことになる。減反すると農家の経営はどうなるのですか。

【大野】田んぼを休んで米以外の作物を作った場合は転作奨励金ということで助成金が出ました。米を作った場合一反八俵獲れるとする。一俵一万五千円だとすると、八俵で一二万円になる。コメ減反を受け入れ大豆を作り、一反で五万円しか収入がない場合、その差額の七万円が転作助成金という形で付く。しかし落とし穴がありました。減反面積は集落を単位に政府から降ろされます。それを各戸に配分する。もしその集落に減反反対の人がいて、減反に応じなかった場合、その集落に助成金は下りません。集落全体が連帯責任を負う。江戸時代の年貢徴収と同じ仕組みです。減反強制は憲法の私有権や営業権（生業権）に反しますからできないので、こういう事実上の強制措置をとった。

【天笠】ひどいですね。いま、日本中コシヒカリ系統になってしまいましたが、それと関係はありますか。

【大野】おっしゃる通り、いま日本のコメ作付け品種は著しく多様性をなくしています。コシヒカリ系の品種が作付面積の七割を占めている。それは減反と大いに関係があります。コメが余り始めますと、政府はおいしいコメをつくれと奨励し始めます。食管制度の仕組みを緩和して、市場性の高いおいしい品種をつくり、民間に売れるようにします。多収品種にこだわり、それを作り続けて、外に売れなくて余った場合は、その集落に減反の配分を多くしたりもしました。実に巧妙というかえげつないというか、農民はほんろうされたのです。

減反が始まった七〇年代はササコシ時代といわれました。ササニシキとコシヒカリの二大品種が広がった。ササはあっさりしていてスシ米として最適だった。コシは粘っこく、肉食に合うとされた。それがいま、ササニシキが地方品種のひとつとなってしまいました。コシヒカリ系というのは、倒れやすく作りにくい品種なのですが、地域適応範囲が広い。これに対してササニシキは、適地が狭いのですが、当時高く売れたので、不適地にまでどんどん広がっていった。それでまずいササニシキが出てきて、それがササニシキの命を縮めてしまった。コシヒカリはもともと北陸で作出され、関東、東北へと広がっていった。今や温暖化の中で、コシヒカリの適地が新潟から山形に行っていると言われています。

品種の多様性が奪われることで起きる問題

【天笠】「緑の革命」[注1]の成果で、コメと並ぶ小麦も、多収量だが、同時に品種が限られていきます。「緑の革命」の小麦の品種が世界を席巻して、今はほとんどどこに行っても世界中の小麦が、この品種の遺伝子を持っています。これも適応範囲が広い。どこでも栽培できる品種である。もともと小麦の原産地は、エジプトあたりと見られています。乾燥した暑い地域で生産されるのが当たり前だったのですが、カナダのような、寒いところでもできるようになった。秋播きだけでなく、春播き小麦も出てきた。「緑の革命」の品種が出てくる前は春小麦なんていうのは無かった。そういう意味では、適応範囲が広がるというのは、大変革命的な品種改良なのですね。コシヒカリがお米ではその位置を占めています。

しかし、品種が限定されると、問題も起きるはずです。小麦で大きな問題になったのが、一九九八年に起きた新種の黒さび病の拡大でした。[注2]世界中の小麦生産農家が、パニックに近い状態に陥りました。この病気に対処するすべがなく、広がると世界中の小麦が大きなダメージを受けるからです。品種は多様であればあるほど病気に対処できるとともに、原生種に近いほど病気に強い遺伝子を持っています。逆に、品種の改良を積み重ねた、限られた品種になると、この病気のように世界中の小麦生産が大きなダメージを受けます。恐らくコシヒカリでも同じ問題があると思います。

ササニシキやコシヒカリの前は、どのような品種が中心だったのですか。

【大野】実に多様な品種がありました。北陸地方の農業を記した江戸時代の農書に『耕稼春秋』[注3]というのがあります。それを見ると、コメ、ムギ、野菜、工芸作物[注4]などさまざまな作物を実に巧みに、かつ複雑に作りまわしている。コメを見ると、早生、中生、晩生それぞれが何種類もあり、それを麦や野菜と組み合わせながら回転させる。ヨーロッパの農法の輪作とはまた違ったまわしかたをしています。

戦後稲作で見ると、刑部陽宅《ぎょうぶようたく》という方が書いた『稲作の戦後史』（東京図書出版刊、二〇一三年）という本があります。富山平野の代々続く稲作農家の長男で、農業を継ぐところを細菌学者になってしまい、兼業農家で稲をつくってきた人で、わが家の稲作から稲の戦後史を具体的に描いた実におもしろい本です。それを読むと農家の品種の変遷がよくわかります。一九五五年、種子法施行から三年目、富山県では二五〇品種以上の稲が作付けられていた。刑部さんの家ではシロガネ、黒部一号など一二品種を作付けています。それが一九九一年にはコシヒカリと日本晴の二品種に、一九九八年にはついにコシヒカリ一品種になってしまった。種子法廃止法案が国会で焦点となっていた時、廃止になったら日本の稲品種の多様性が失われるという論がありましたが、私はむしろ種子法が多様性を奪い、日本の稲作を単純化させたと考えています。生産現場、流通現場をよく知らない人の議論だなとみていました。

【天笠】ちょっと話しが違うのですが、おコメの生産での愛知方式があります。お米の栽培の仕方として、不耕起乾田直播というやり方なのですけどれも、耕し起こさないで、水の張ってない田んぼに直接種子を播くというやり方なのですけど、そういうやり方をとっているところはあまり無いのですか。

【大野】愛知の事情は分かりませんが、そんなに広くはやってないいんじゃないでしょうか。以前、秋田県の大潟村で乾田直播きをやったりしたことがありますが、広まっているという話は聞きません。

田植の省力技術では、空中田植えなんていうのがある。田植えが面倒くさいから、水を張った田んぼに投げるだけ（笑）。それを空中田植えといった。一時流行《はや》ったことがある。稲作省力技術としていろんな技術が出てくるけれど、どれも定着していない。やっぱり元の田植えに戻る。いまはスマート農業といって自動運転でトラクターやコンバイン、田植え機を動かそうとしている。ＩＴ農業です。

【天笠】モンサントが、除草剤耐性稲を開発した時に除草剤ラウンドアップをセットで使わせなくちゃいけないので、それで乾田直播がいいと進めたわけです。ラウンドアップが水に弱いため水田に使えない。しかし乾田に直接種子を撒けば水がないので、ラウンドアップが使えるということで、愛知県と共同開発で始めた。日本で実験してアジアに売り込みたかったようですが、それはアジアの他の国で、応用が効くのか、ちょっと気になる。

【大野】どうして田植えをするのか、つまり、なぜ苗を別の場所で育て、わざわざ移植するのか、ということですよね。稲作の機械化にあたって最も困難だったのは田植えの機械化で、これが最後まで残った。開発当初は田植えを省き、直播でいこうと考えられていた。しかしやはり田植えに戻り、苦労の末、稲作機械化一貫体系が完成した。七〇年代初めです。天笠さんの提起に触発されて考えたのですが、イネという生物と土地と水、そこに働きかける人間労働、という総合的な相互の関係のなかで移植という面倒なことをなぜやるのかを解明しなければならない。これは日本だけでなくアジアの稲作に通底する課題です。単にラウンドアップが使えるようにしたいというような単純なことではないでしょうね。もう亡くなった方ですが、金沢夏樹《かなざわなつき》さんという農業経営学者がいました。東大農学部で日本稲作を研究され、退官後インドネシアに渡り、アジア稲作を研究された。その中で金沢さんは日本を含め湿潤な気候をもつアジアでは初期成育段階の過繁茂・徒長を抑制し、後期の生殖成長、結実をいかに豊かにするかが稲作技術の要となる、といっています。なぜ田植えをするのかを解明するカギはここにあると思います。

食糧問題の世界化と近代畜産の拡大

【天笠】一九七〇年代のもう一つの特徴として、米国での食糧生産力の増大がありました。米国は世界最大の農業国であり、それがいっそう増大し、黄金の七〇年代を謳歌するとともに、それをさらに世界中に売り込む必要が出てきた。その生産力増強の要因ですが、農地のあくなき開拓と地下水の異常なまでの収奪、加えて、先ほど述べた高収量品種の定着があったと思います。

それに伴って、米国の食料戦略の転換があります。身近なところでは、先ほど述べたような日本の外食へのファーストフードの登場があります。ファーストフードの最大の特徴は、マクドナルドがその代表ですが、世界中から安い食材をかき集め、世界中どこでも同じ味をもたらすというところにあります。マクドナルドに言わせれば、どこのマックで食べても同じ味ですよ、となる。これに対抗してイタリアで始まったのが、スローフード運動ですが、この運動のコンセプトは、多様性にあります。ファーストフードが単一化、それに対抗したスローフードが多様性です。それぞれの地域の食文化や作物、種子を大切にしたいということです。先ほど述べましたが、ファーストフードだけでなく、ファミリーレストランも登場して、調理しないで工場で生産したものを提供するようになり、そのような食文化が広がり始めました。これが一九七〇年代の一つの特徴かなと思う。

もう一つの特徴が、ドルショックが起きてオイルショックが起きて、アメリカの食料戦略が大きく転換していきました。アメリカの穀物が、いわゆる対共産圏に輸出され始める時期も一九七〇年代初めになるわけです。アメリカがいわゆるモンロー主義[注5]ではないけど、国内に比較的閉じこもる主義をとっていた時期がずっと続いていたのですけど、これを世界に自由化の流れを作っていくというのが一九七〇年代の初めに起きるわけです。この時期にこの影響を日本の農業ももろに受けていく。特にオレンジとか牛肉とか、そういった自由化が問題になりました。グローバル化の走りみたいな、そういう時期でもあった。だから、一九七〇年代というのは減反が始まる時期でもありますけれども、そういう時期でもあるということなのです。この辺をどう考えたら良いのでしょうか。

【大野】世界的な食糧危機が起こるのが一九七二〜七三年です。輸入大豆が入らなくなって豆腐価格が二倍から三倍になった。ほぼ同時期に石油危機がかぶさる。灯油価格をはじめ石油製品も騰貴《とうき》します。同時期に食糧危機とエネルギー危機が起こり、市民社会を直撃したのです。農業でいうと、最も影響を受けたのは飼料を輸入穀物に依存していた畜産農民です。茨城の養豚農家を中心に大勢の畜産農民が大手町にあった農協ビルに押しかけ、飼料価格の引き下げを求めて全国農協中央会と全農の前に座り込んだ。

消費者運動では石油裁判が闘われました。一九七三年のことですが、石油元売メーカーが闇カルテルを結び、灯油の小売価格を突然一〇倍につり上げた。当時のくらしでは灯油は炊事や暖房で必需品だった。川崎生協（現ユーコープ）の組合員と主婦連合会の会員が石油元売各社を相手どってマンモス訴訟を起こしました。同時に山形県の鶴岡生協（現生協共立社）も訴訟を起こした。「東京灯油裁判」と「鶴岡灯油裁判」です。畜産と灯油の両方を取材しました。

【天笠】たまたまのタイミングかも知れませんけど、一九七二年頃ですが、ソ連と中国で大飢饉、いわゆる凶作が起きてしまった。それでアメリカの食糧がちょうど、対共産圏への禁輸から解禁に転換した時だったものだから、一気に穀物が対共産圏に大量に出てしまったために、世界中に出回るそういう穀物が少なくなってしまって、価格が高騰するわけです。その結果買えない国が出てきてしまう。バングラデシュなどで大飢饉が起きてしまった。あの頃バングラデシュは世界の最貧国といわれていたのですけれど、価格が上がったので輸入できなくなってしまって、凄い飢餓が発生して、世界中でバングラデシュ救援コンサートとか開かれるぐらいだった。そのような大変な時期です。

【大野】飼料について補足しますと、食料危機と近代畜産が世界的に拡大する時期が重なった時代でした。日本では基本法農政下の一九六〇年代に選択的拡大政策が進められ、輸入穀物による安価な飼料に支えられた工場型の畜産が広まった。一方で、経済成長して所得が上がったらみんな肉や玉子や牛乳を食い出すよということで大量生産と大量消費をつなぐマーケットも出現した。人間が食う穀物を餌に回すようになり、食糧問題が発生します。ちょっと遅れて韓国でも輸入穀物を用いた近代畜産が増えていくのです。世界的に、近代畜産、穀物多給型で、そして本来食糧に回っていたものが家畜に回るというのが一九七〇年代にかなり一般化する。それと食糧不足というか、不作が重なったという構造的な問題もあります。

同時にもう一つ、大豆の場合は、エルニーニョ現象があった。ペルー沖でアンチョビ、カタクチイワシが大量に捕れて、それが家畜の餌、タンパク源に回っていたのだけれど、エルニーニョで海の温度が変化し、ペルー沖に来なかった。それで大豆が餌に回る量が増えるのです。それが大豆不足を起こした。いくつもの要因が重なるのですけれど、やっぱり近代畜産の拡大というのはかなり大きい要素だと思う。牛肉一キロ作るのに穀物一〇キロとか、豚は四キロとかいう、穀物を大量に消費する畜産です。これまでは一定の所得が無いと食えなかった肉や玉子や牛肉が、そういうふうに安く出回ることで、高所得じゃなくても食えるように一般化していく。背後に世界的な経済成長があった。つまり全部一緒というか、セットで起きたのだと思う。

米価闘争・乳価闘争

【天笠】一九七四年頃に、いわゆる乳価闘争とか米価闘争が盛んに取り組まれるようになるのですが、農家の暮らしが苦しくなったということなのですか。

【大野】一九七〇年代に入ってコメ余りの時代になり、生産者米価の引き上げが停滞します。略農民が受け取る乳価も横ばい、ないし引き下げの状態が続く。コメは一九七〇年に緊急措置として一割減反が行われ、そのままずっと減反が続きます。コメがあまる時代にはいり、米価闘争は次第に下火になっていく。減反に農協は最初、反対したのですが、食管制度を守るためにやむを得ないということで受け入れた。暫定だと思っていたら、最初は一割減反だったのが三割減反になって、いまだに続いている。もちろん、米価引き上げの運動が続きますが、コメが余っているのになぜ引き上げかといわれて、どうにも意気が上がらない。そのうち食管制度に市場性を反映させる改正が行われ、それまで年々上がっていた生産者米価が横ばいになり、その中でおいしいコメは高く、収量は多いが味はそれなりという品種は安くという価格差が作られます。そしておいしいコメの代名詞だったコシヒカリとササニシキの全盛時代に入る。いわゆるササコシ時代です。

その頃から乳価闘争が激しくなります。乳価の価格体系は飲用乳価と加工乳価の二つがあるのです。飲用については、酪農団体と乳業会社、例えば森永乳業とか雪印とか明治乳業といった企業と直接交渉で決めていく。加工乳については、価格安定制度があって国が支持価格を決め、それに沿って乳業会社が買い入れる。この加工乳の価格を下支えとして、飲用乳価が直接交渉で決まる。しかし段々飲用乳価は引き下げられていきます。何故かというと、交渉相手は森永、明治、雪印の三者に集中して独占企業だったからです。中小の乳業会社は吸収されたり潰れたりで寡占体制が進行していました。売り手は酪農家で大勢だから、交渉では当然寡占のほうが強い。もう一つは、牛乳は腐るわけです。生鮮品だから、長く置いておけない。価格交渉を延々やっていたら全部腐っちゃうということで、結局折れざるを得なくなる。それで、やっぱり酪農民が不利になって、段々と乳価が切り下げられていくという構造です。

その時酪農民がとった最終手段が生乳の出荷ストです。七〇年代末、群馬県の酪農民を先頭に出荷ストが闘われ、利根川に生乳を流した。ぼくも取材者としてその場にいたのですが、いっとき利根川が真っ白になった。出荷ストという戦術は一九六一年、日本の酪農の勃興期で多くの酪農経営が一、二頭飼いだった時代、長野県佐久の青年酪農家が低乳価に耐えかねて立ち上がった時の戦術です。佐久酪農民闘争は山本薩夫監督によって『乳房を抱く娘たち』というタイトルで一九六二年に映画化されています。若き日の仲代達也、山本圭、市原悦子らを見ることができます。

一七七〇年当時、酪農は三〇頭あれば大きいといえた。今だと五〇頭から一〇〇頭、メガファームといわれる一〇〇〇頭以上の経営も出てきている。当然酪農専業で、牛と田畑を糞尿で結ぶ循環も成り立たない。牛の飼い方も大きく変わりました。六〇年代ごろは七産（七回の出産）から八産とっていたものが、今では一産から二産です。

【天笠】北海道の酪農家にお聞きしたら、一産が増えたと言っていましたが。

【大野】一回か二回子どもを産ませ、乳を搾ると廃牛にしてしまう。年間の搾乳量も四〇〇〇キロから五〇〇〇キロ搾っていたものが、いまは一万キロが普通です。品種改良が進んだとしても牛は牛です。牛の寿命を縮め、もの凄く酷使しているわけです。牛が可哀想です。

牛は胃が四つあって、そこには大量の微生物が住んでいて、その微生物が、牛が食べた草をタンパク質に変えるのですが、一万キロ搾るためにはそんなまどろっこしいことはやってられないというので、草食の牛に直接動物性タンパク質を供与する。いわゆる肉骨粉です。病気で死んだ牛を肉骨粉にしたので、そこから牛海綿状脳症、いわゆる狂牛病が発生した。一万キロとるために、高カロリーの餌を与えて、草食の牛を肉食にしてしまうような反自然の畜産になっている。

【天笠】大量生産するために、飼料の問題は大きいみたいですが、そこから生じたＢＳＥ（狂牛病）の問題は後ほどふれることにして、五産ぐらいが一番乳量がピークなのですか。

【大野】お産をするごとに乳量は減ってきます。

【天笠】北海道の酪農家は、生乳のほうが加工乳よりも値段が高くなるので、それでバターのほうに回らないという話しを随分されていましたが。

【大野】これまでは、北海道は加工乳地帯、都府県が飲用乳地帯と棲み分けていたのです。ところが低乳価で飲用乳地帯の酪農がつぶれて減ってしまい、生乳が足りなくなって、北海道から生乳用が回ってくる。

そうすると、バターやチーズになっていた北海道産の生乳が加工向けに回らなくなったのです。ＴＰＰで、オーストラリア、ニュージーランドからバター、チーズ、脱脂粉乳といった乳製品が安く入ってきたら、今度は北海道の酪農がダメになる。

農家の持つゆとりとは?

【天笠】農家は経済的に大変だといわれますが、なんとなくゆとりがある。経済的には大変なはずなのになぜだろうと思います。

【大野】それはストックだと思う。現金はないけれど、代々蓄積したものがある。

【天笠】例えば柿の木に毎年実ができるとか、蜜柑の木にも毎年実ができるとか、そういうのもやっぱりストックですかね。

【大野】そういうことだと思います。そういう懐の深さ、農家という存在が持つ歴史的な深さ、そういうこととしての豊かさはある。精神的な豊かさを含めてストックだと思う。つまり、物とか金とかだけではなくて、文化とか、培ってきた周りの自然との付き合い方とか、それから山をどう上手く使うかとか、それらを含めたストックの豊かさだと僕は思う。だからアクセクしないところがある。

農協をみんな悪くいうのだけれども、農協が持っている意味というのは大きいのです。それも僕はストックだと思う。農家がもつ社会的ストックです。例えば、田起こしの最中にトラクターが壊れたとします。現金が手元に無くても、農協から金を借りて、その機械が買える。利子が払えなくなったら、待ってよと言ったら銀行なら取り立てられるけれども、農協は待ってくれる。そういう自分達の協同組織を持っているというのはやっぱり大きいです。

【天笠】長野で有機農業をやっている若い人達の集まりがあって、そこに行った時に「大変でしょう」といったら、「まあ食うのは大変だけど、食うものに困んないから」とか言っていた。食うものに困らない、これが最大のストックだと思うのですが。

【大野】都会でも、例えば、自分の家で食う野菜の半分は、ちょっと家庭菜園に毛が生えたところで作って、これだけは野菜買わなくてもすむ。小さな田んぼで、米は何とかなるというと、気持ちの持ちようが違う。もの凄くゆったりすると思う。

注１　緑の革命　第二次大戦時、戦争が原因で世界的に食料不足が起きたため、メキシコ高地で始まった高収量品種の開発とその成果。メキシコではトウモロコシ、小麦が開発され、稲は一九六〇年代にフィリピンに国際稲研究所（ＩＲＲＩ）が設立され開発が進められた。

注２　黒さび病　一九九九年にウガンダにおいて小麦で初めて発見され、その後アフリカ諸国で発生し、世界中に拡散を開始した、真菌が引き起こす病気。一時は世界の小麦の九〇％が感染し、失われると考えられパニックとなった。

注3　耕稼春秋　江戸時代の農学書で、加賀の人の土屋又三郎が、自らの経験に基づいて加賀地方の農業や農具について述べたもの。

注4　工芸作物　収穫後、比較的長く多くの過程を経て加工・製造され利用される作物。綿、麻、茶、たばこなど。

注5　モンロー主義　一八二三年に米国第五代大統領のJ・モンローが打ち出した、欧米間不干渉の原則。以降、内容や意味を変えながら米国外交の基本になっていった。

第５章

臨調行革路線とガット・ウルグアイラウンドの時代

モンサント社の除草剤耐性イネの実験圃場（愛知県）

グローバリズムに反対してアジアのコメを守る運動（フィリピン）

食管制度が奪われる

【天笠】やっぱり食管制度を無くしてしまったという問題は大きいですね。

【大野】セーフティーネットが無くなってしまった。正式に食管法そのものが無くなったのは一九九五年です。ＷＴＯ[注1]（世界貿易機関）が発足した年です。その前年まで、直接政府が買い入れて直接農家に米価として支払うという形から徐々に変わっては来ていましたが。

【天笠】一九八一年に改正食管法が公布されて、米穀通帳廃止と、贈答米の自由化というのがまず起こる。食管制度の問題が動き始めるというのが一九八〇年代からですか。

【大野】一九七八年に水田利用再編対策という名前で、コメの減反がいっそう強化されます。第二次減反といわれるものです。時期的に日米貿易交渉と重なり、コメ、牛肉、ミカンの自由化を米国から迫られる。生産から流通、消費まで国家の枠組みに囲い込み、外には開かないのが食管制度の建前ですから、当然米国とぶつかる。そこでおっしゃるように八〇年代以降、次第に規制を緩め、市場競争を食管制度の運用に取り込み改革が進みます。

食管制度の原型は戦時立法です。国家の強い統制のもとに食糧をおき、すべてを管理するという仕組みで、敗戦後も食糧難のなかでその仕組みが維持されたのですが、農民運動と労働運動に両面から生産者米価と消費者米価のあり方を民主的に規制する動きが強まりました。先ほど言いましたように生産者には再生産を保障する価格を保証する。生産費所得保障方式といいました。消費者に対しては、生計が賄えるくらいの価格に抑えて国が売り渡す。家計米価方式といわれました。この時代は消費者米価が生活保護基準や最低賃金を決める際の基礎となっていました。

生産者米価と消費者米価の二重価格だったわけです。生産者米価は高く、消費者米価は労働者の家計で買えるように安かった。その差額を食管会計で国家が埋めていた。当然赤字になります。段々その赤字が増えていくということで食管制度が問題になる。

そこで価格決定に市場原理を入れ込んで生産者米価は下げ、消費者米価は上げる、という形にしようということで、なし崩しに少しずつ自由化していった。米屋でしかコメを扱えなかったのを規制も緩和して、米屋以外も参入できるようにした。スーパーでもコメを扱えるようなった。

臨調行革路線の登場

【天笠】その食管制度の崩壊を加速させたのが、中曽根行革路線といえるのではないかと思うのですが。中曽根康弘が行政管理庁長官になり、臨時行政調査会を設置したのが一九八〇年で、ここから臨調行革路線が始まり、農業の合理化ということで、農業補助金削減だとか、転作奨励金合理化だとか、米価引き下げだとか、さまざまな合理化が取り組まれるようになりました。

【大野】僕は新自由主義三人衆といっているのですが、一九七九年にイギリスでサッチャー政権が成立して、続いて一九八一年に米国でレーガン政権誕生、そして一九八二年に日本で中曽根政権が登場して新自由主義路線をとった。市場にすべて任せる。民営化していく。グローバリゼーションを進める。一九八〇年代の頃、その三人が世界を変えていきました。日本でそれを具体的に進めたのが、第二次臨時行政調査会を舞台にした土光敏夫《どこうとしお》の臨調路線です。

【天笠】一九八五年には、中曽根首相による「戦後政治の総決算」が登場し、その翌年には、元日銀総裁の前川春雄による「前川レポート」が出てきます。前川レポートは農業全面切捨て、すべて輸入すれば良いといった論調でした。これにより、それまで農業について踏み込んだ改革のような、全面改革ができなかったというので、それをやはり手を着けないといけないのだという流れはできました。

グローバル化では、アメリカの動きが中心になると思うのですが、アメリカでは、すでに述べたように黄金の七〇年代を謳歌していた。穀物の生産量が飛躍的に大きくなるのですが、それを世界中に売り込んでいた。それが崩れるのが、対ソ連制裁あたりからだと思うのです。一九七九年末に、ソ連軍がアフガニスタンに侵略したことから、アメリカのカーター政権が呼びかけて、ソ連への穀物輸出を止めよう、モスクワ・オリンピックをボイコットしようということになった。日本政府は、律儀にもモスクワ・オリンピックをボイコットしました。ソ連への穀物輸出禁止をアメリカが打ち出し、呼び掛けたのですが、結局アメリカだけの一人ボイコットになってしまい、アメリカの農家がひどい目にあうことになりました。とくにEUが、アメリカとは反対の方向の政策とったものだから、ヨーロッパの穀物が、アメリカの穀物にとって代わって、ソ連の市場に行くことになりました。アメリカでは穀物価格が暴落して、農業が危機に陥ったという、そういうこともありました。

【大野】グローバリゼーションと世界食糧問題と日本との関係でいうと、ご指摘のように一九八〇年代前半にアメリカで農業恐慌が起きる。アメリカは農産物輸出国だったけれど売れなくなったのですね。それまで食料を輸入していたアジア、アフリカ諸国が次第に自給を達成、穀物市場が縮小した。そこに大統領になったレーガン政権の経済政策レーガノミックスでドル高政策をとったため、米国農産物の価格が上がり、競争力を失った。市場が小さくなった上に、価格が高くなって農場の倒産があいつぎ、「農場売ります」という看板が至る所に立つようになる。アメリカの農業というのは輸出で成り立っているから、その輸出がダメになると弱いのですね。レーガン政権は解決策として、膨大な輸出補助金をつけて世界市場に押し出していきます。ダンピング輸出です。それを小麦、トウモロコシ、綿花、コメでやった。その結果、世界中の農産物市場が大混乱に陥りました。アメリカ小麦安売りでアフリカでは小麦生産が壊滅する国まであらわれます。コメについていうと、タイが当時世界一の輸出国だったのだけれども、そこに米国産米を売り浴びせて、タイ米をどんどん追いやっていく。そしてタイの農民が倒産していく。米国の食糧ダンピング輸出は世界中にそういう連鎖を引き起こしていきました。

　ぼくは九〇年代、タイの村歩きを続けていたのですが、その当時の様子を聞くと、やっぱり大変だったみたいです。世界市場でアメリカのダンピング輸出と競争しなければいけない。タイのコメ輸出業者は米国の安売りに対抗するため農民から買いたたく。最終的にはタイの農民のところへツケが持ち込まれます。その頃からタイの農民の出稼ぎが始まる。最初に女性が売られました。日本の性風俗産業にタイ女性が現れるのは、その時代です。そのあとに男達の出稼ぎが出てくる。困窮したタイの村からまず女性が売られ、次に男性の労働力を売った。ある農民は村を離れ、山を開墾して商品作物を作るという選択をします。山を焼き払って焼き畑をやり、環境破壊を引き起こした。レーガンの農産物ダンピング政策は世界中に人権侵害と環境破壊を引き起こしました。

当時日本では、日本の農産物は高すぎて海外市場と競争できない、そんな日本の農業は、もう要らない、アジアに移し、アジアから安いもの入れたら良い、そんな発言が、当時日本のスーパーマーケット業界を代表していたダイエーの中内功《なかうちいさお》社長などの経営者から相次いでいました。一九八四年に北海道農民連盟が怒って、ダイエーなどのボイコットを行ったほどです。

【天笠】ダイエーと味の素とソニーを対象にしたようですね。

【大野】その頃から、日本の食糧輸入構造も変わってきます。それまでは穀物輸入が中心だったのですが、その当時から生鮮野菜とか、カット野菜というのがどんどん入ってくるようになる。北タイなんかにカット工場を作って、野菜をそこから持ってくるとか、ゴボウを東北タイのラオス国境の町で作らせたとか。タイの人はゴボウ食わないんだけど、専ら日本向けに作らせた。取材に行って「食べますか」と聞いたら、首を振って「食べないよ」って。

主要農作物種子法と種苗法

【天笠】当時のもう一つの動きとして、種子にかかわる法律の改正が起きる。その種子にかかわる法律には二つあり、一つは主要農作物種子法であり、もう一つが種苗法です。その法律改正の背景には、遺伝子組み換え作物の登場がありました。一九八〇年頃に世界的に、モンサント社など化学企業による種子企業買収ブームが起きます。その背景にあるのが、遺伝子組み換え技術の登場だといえます。種子に対する関心が否応でも高くなっていきます。

「緑の革命」をきっかけに、研究機関や企業による新品種の開発が進むとともに、開発した品種を保護する動きが出てきました。こうして一九六一年にＵＰＯＶ条約（植物の新品種の保護に関する国際条約）が作られました。日本がこの条約に加盟したのは遅く、一九八二年のことでした。この国際条約は国内法制定を求めていたため、日本は加盟の前提として一九七八年にそれまでの農産種苗法を改正して種苗法を制定しました。こうして種苗法が誕生したのです。この国際条約・国内法がもたらす知的所有権は「植物特許」と呼ばれましたが、特許制度とは違い、かなり緩やかな制度でした。しかし、一九八〇年代に入り遺伝子組み換え作物が登場し、この制度の変更が求められ、モンサント社などの遺伝子組み換え種子開発企業の権利を強化するために、すなわち知的所有権を強化するために一九九一年にＵＰＯＶ条約が改正され、それによって一九九八年に種苗法も改正されました。アメリカでは、モンサント社から農家が訴えられるケースが頻発しますが、それは、このＵＰＯＶ条約改正に原因のひとつがあります。また、二〇二〇年になって大きくクローズアップされてきた種苗法改正は、ここに原点があると思います。

一九九一年のＵＰＯＶ条約改正の中身ですが、改正前は保護の対象が農作物四三〇種類にとどまっていましたが、それを全植物種に拡大しました。すなわち、作物にならないような植物でも、遺伝子組み換え技術で作物になる可能性が出てきたからです。さらには、従来は植物個体が対象でしたが、細胞ひとつにまで権利を与えることになりました。遺伝子組み換え技術では細胞一つから、作物がつくられていくからです。さらに従来は権利が及ばなかった収穫物にまで権利が及ぶようになったのです。自家採種・自家増殖を原則認めないことになりました。また対象にごく一部ですが、食品まで含まれるようになりました。例えば、おにぎりも種子企業の権利が及ぶわけです。さらには、特許との二重保護を認めることにもなりました。モンサント社など多国籍企業はこの二重保護を活用しました。さらに、保護期間も一五年から二〇年に延長されました。こうして種子企業の権利が大幅に強化されたのです。

知的所有権を重視したのが小泉政権で、「知的財産権保護戦略」を打ち出し、二〇〇二年一二月四日に知的財産基本法を公布しました。その知財戦略の一環を占めるのが、この種苗法です。種苗法改正では、登録された品種の自家採種・自家増殖が原則禁止となりましたが、各国の裁量で禁止作物を指定できることから、政府は最初、ごく一部の作物の禁止にとどめたのです。二〇一六年までは八二種類でしたが、翌年から増え始めていくのです。そして二〇一九年には三八七種類まで増え、二〇二〇年三月に、すべての作物に適用される改正案が国会提出されました。改正の出発点は一九九一年であり、その背景には遺伝子組み換え作物の登場がありました。また新たに提出されている種苗法改正の背景にあるのが、開発競争が起きているゲノム編集作物にあるといっていいと思います。

主要農作物種子法も一九八六年に改正されます。民間企業に門戸を開く、しかも大っぴらに開くよう改正された。それまで自治体の試験場などが開発し、それを国が支援する仕組みだったのを、民間企業優先に方針を変えた。この法改正が行われるきっかけが、一九八四年に農水省が発表した「バイオテクノロジー技術開発計画」だといえます。それまで農水省は、主に農家や農協の方を向いており、民間企業との関係が希薄な省でした。しかし、バイオテクノロジーによる新品種開発を進めるうえで、民間企業との関係を強化し、共同で開発を進める姿勢をとることになりました。その背景には、当時の中曽根政権による民活化、すなわち民間企業の活用があったのです。

民間企業の能力を活用して、世界的に競争になりつつあるバイオテクノロジーを用いた新品種開発に農水省としても取り組むことになったのです。民間企業とのつながりを作りながら、新しい技術開発の道に入っていこうということです。そのためには、従来の法律や制度を改正する必要が出てきました。それを受けて、一九八六年六月に主要農作物種子法が改正されます。

この法改正の最大の目的は、民間企業の参入促進です。その背景には、遺伝子組み換え作物の開発がありました。この法改正で、主要農作物の新品種開発について、民間企業の開発が可能になりました。

一九八六年一二月には遺伝子組み換え作物の農林水産分野における利用指針が作成されました。一九九〇年にはＳＴＡＦＦ（農林水産先端技術振興センター）が設置されました。このＳＴＡＦＦが、民間企業と連携して、遺伝子組み換え作物開発の最前線に立つのです。日本では、バイオテクノロジーでの開発は稲が中心であり、当時、さまざまな稲のバイオテクノロジーを用いた新品種開発が行われていました。三菱化学系の企業である植物工学研究所が開発を進めていたのが「殺虫性稲」です。また同研究所は農水省と共同で「縞葉枯れ病抵抗性稲」を開発していました。また、三井化学が「低アミロース米」と「低アレルゲン米」の開発を進めていました。低アミロース米は、もち米に近い粘りを持たせて味覚を改良した米です。加工米育種研究所という国策企業が開発を進めていたのが「低たんぱく米」で、これは酒米です。

一九九一年六月にはその運用変更で、民間企業の試験販売も可能になりました。一九九六年六月の主要農作物種子制度の運用で民間企業の本格販売も可能になりました。安倍政権が主要農作物種子法を廃止しましたが、きっかけは二〇一六年一〇月六日の第四回規制改革推進会議・農業ワーキンググループでの法廃止の提案でした。その理由が「民間企業の開発意欲を阻害」しているというものでしたが、一九八六年の法改正以降の流れの中ですでに、民間企業に門戸は開かれていたわけで、理由にはならないわけです。

ちょうどその頃、私は、中央競馬会の馬券売り場のおばさん達から、馬券販売のコンピューター化があるというので、それについて少し調べてくれって頼まれました。そこでさまざまな話をしていたところ競馬法と中央競馬会法という中央競馬に関する法律が改正されることが分かりました。それまで中央競馬会の売上げの二五％を占める巨額のテラ銭の内、国が受け取る分の一〇％に関する用途は、畜産振興と社会福祉に限定されていました。それを改正するというのです。用途にプラスして「研究開発」が入れられた。農業バイオテクノロジーの研究・開発に流用できるようにしたのです。それが一九九一年です。農水省はこうして企業のほうに向きを変えたのです。以降、企業との繋がりをどんどん作っていく。グローバル化の中で、国内での農業生産は切り捨てて、輸入のほうにシフトしていくわけですが、農水省の役割も大きく変化して、企業による技術開発中心になっていった。

【大野】その頃から生物特許みたいなものが、アメリカのほうでは言われ始めていたのですか。

【天笠】最初に生物特許が提起されたのは一九七三年です。まだ遺伝子組み換え技術は登場していません。ジェネラル・エレクトリック（GE）社の技術者が、石油分解能力の高い微生物「チャクラバーティ」を開発して特許申請を行いました。しかし、アメリカの特許庁は「生物は特許になじまない」として、これを却下したのですが、GE社は裁判に訴えたのです。その裁判で、最高裁が生物特許を認めたのが一九八〇年です。

特許が戦略化していくというのは、その一九八〇年前後からです。友人の技術者が化学企業の特許室にいたのです。特許室というのは、それまでは左遷された人が行く、一番仕事が無いところで、言ってみると活動家の吹き溜まりみたいなところになっていたのです。それが一九八〇年代に入ると逆転して、特許室が知的所有権戦略室と名前が変わって、一躍脚光を浴びて、エリートコースに逆転するのです。そういう時期が、ちょうど一九八〇年前後でした。いまは知的所有権というよりも、知的財産権というようになりました。より経済性を強めた概念になっています。

その一九八〇年頃に、先ほど述べたように、農薬企業などによる種子会社買収ブームが起きます。なぜ化学企業やエネルギー関連企業が種子会社を買収するのだろうかと、その当時はよく分からなかった。後になって気が付いたのですが、それらの企業は先を読んでいるのですね。

微生物に続いて、植物特許が最初に認められるのは一九八五年です。アメリカで知的所有権戦略が本格化するのはこの頃です。レーガン政権が明確に戦略化していった。当時はガット（ＧＡＴＴ）ウルグアイラウンド[注2]の時代です。一九八六年から始まって、九五年のＷＴＯ設立で終わるのですが、これがＷＴＯ体制の基礎を作ったわけです。貿易自由化の流れが、本格的に作られ、知的所有権問題もＴＲＩＰｓ協定という形で国際化が図られた。

ガットからＷＴＯへ

【大野】ウルグアイラウンドが今のＷＴＯ設立に向けての、ガットでの最後の交渉なんだけど、ＷＴＯの基礎というか、考え方の枠組みは、このウルグアイラウンドが作ったのです。例えば、農業とかサービスを自由貿易の交渉に入れたのはガットの交渉の中でもウルグアイラウンドが最初なんです。それはそのままＷＴＯに持ち込まれる。それから国内政策について、つまりそれぞれの国の主権に属する事柄について、国際貿易の立場から、それは自由貿易に反するという言い方で、逆に規制を掛けていくというのもウルグアイラウンドで原型が作られて、それはそのままＷＴＯに持ち込まれた。それはその後の、最近のＦＴＡ（自由貿易協定）、ＴＰＰ（環太平洋経済連携協定）なんかも含めて、その中に流れ込む。だから今の自由貿易の仕組み、枠組みを作ったのは、やっぱりウルグアイラウンドです。

【天笠】だからこの時の議論というのは、やはりかなりポイントになるわけです。まあ各国の政策も、その自由化の流れになってきている、といえるわけですね。

【大野】例えば一番分かり易いのは、食管制度含めて農産物価格政策です。一国の範囲で農産物価格の支持政策を行って、それを有効に機能させるためには、輸入を抑制しなければいけない。出口と入口を抑えなければいけないわけです。でないと尻抜けになってしまう。そのため価格支持政策は、自由貿易に反するということになり、これはやめなさいということになる。あくまでも自由貿易が基準になって、国内政策も規制されていくという、そのはしりです。

【天笠】各国の貿易障壁といいますか、その辺の壁を取り払うという、そういう流れと同時に、いわゆる国際的ハーモナイゼーションが起きていますよね。いろんな制度とか仕組みを全部国際的に同じにしていくという。それが無いと、ＷＴＯは上手く機能しないという考え方です。それから例えば、食品表示にしろ、有機農業の規格にしろ、残留農薬の基準、食の安全審査といった、基準とか規格とか制度というのが、このガット・ウルグアイラウンドの中でハーモナイズされていった。平準化といいますか、統一化といいますか、それが進んでいったということも言えるわけです。

【大野】ウルグアイラウンドも米国主導です。米国・EU・日本の三極はあったのだけれども、圧倒的に米国主導だった。

遺伝子組み換え作物の登場

【大野】遺伝子組み換え技術が、農業の基本的なあり方などに、どれぐらいのインパクトなり影響を与えるか。さっき天笠さんがいっていた「緑の革命」は一種の種子革命です。種子を変革することによって、農業のあり方が、それがひいては社会のあり方を変えていく。遺伝子組み換えの技術も、やっぱりそういうふうなものとしてあるのかどうか、というのはどうなのでしょう。

【天笠】基本的には大きなインパクトがあったと思います。すでに、世界の作物の栽培面積の十数%、いわゆる農地の十数%まで栽培面積が拡大している。おコメと小麦ではまだ遺伝子組み換えがないのに十数%まで行っているというのはやっぱりインパクトがあるからだと思います。

【大野】それに伴った、例えば土地の利用方式とか土地の所有の形態とか利用の形態とかいう、社会的な農業の存在形態とか構造みたいなものは、変わりましたか。

【天笠】大きく変わりました。それは特に、栽培される地域では大きく変わって行くわけです。いま栽培が進んでいる遺伝子組み換え作物は、除草剤耐性と殺虫性の二種類ですが、いずれも省力化・コストダウンをもたらすとして栽培面積を拡大してきた。しかも、企業の種子支配を容易にする。特許絡みの話しになってくるので、種子を買うのも契約が必要になってくる。農薬の使い方も変わって行きました。全体的に農業の方法も農家の在り方も変わった。まず先進国で変わりましたが、いま中南米を中心に途上国に拡大し、アジア、アフリカの農業にインパクトを与えつつある。

【大野】土地所有なんかでも、今、かなりのスピードで、農民的土地所有が解体されて、これは僕の言葉なんだけども、多国籍企業的土地所有に、世界的に農地が移っている。その基礎のところに遺伝子組み換え技術もあるのではなかろうか。そこのところは、あまり誰も言わない。二〇一四年は家族農業年だったが、だれも家族農業論を成り立たせている技術とは何か、そこまで述べる人がいない。家族農業が今解体されるとすれば、それはどういう技術なんだ。今せめぎ合っている大土地所有、多国籍企業的土地所有と家族農業との関係と、それを基礎づける技術は一体何なのだ、そういう議論が家族農業論の中には無い。

【天笠】遺伝子組み換え種子は大規模経営でしか成り立たないので、家族農業とは合わない。

農業の主体と植物工場

【大野】農業技術について考えてみたいのですが、工業などの技術はどうだったのでしょうか。

【天笠】一九八〇年代の技術を考えた際に、一番ポイントになった技術は、戦略情報システムだと思います。これは基本的に技術ではない。トヨタ生産システムもビジネスモデル特許になりましたが、技術ではない。やはりビジネスです。そのビジネスと技術の合わさったようなものが、今の社会を作り上げていく基本的な技術になっているように思います。

戦略情報システムというのは、セブンイレブンやクロネコヤマトが築き上げた販売戦略システムです。いってみると、顧客情報をいかに効率的に、大規模に新商品戦略に繋げるかという、そういう仕組みを作り上げたのです。現在での5Gの利用やビッグデータにつながる思想です。これが一九八〇年代なんです。

トヨタ生産方式とその戦略情報システムとが重なり、各企業が取り入れるようになっていった。基本は在庫ゼロです。トヨタ生産方式は、スーパーマーケット方式と言っているのですけど、要るときに、要るものを、要るだけ調達する仕組みをいう。スーパーの世界でも基本的に余分な在庫を持たないのがコンビニです。だからトヨタ生産システムに基づく戦略情報システムです。ロボット化という無人化が推進され、そこにビッグデータやAIが活用されていく。それが今の社会を作っている。いまの5GやAI、ビッグデータといったものは、ビジネスが先導して技術を変えたものだといえます。

【大野】農業技術を見ていくと、一九八〇年代には、農業技術の革新が無かったのではないか。遺伝子組み換えが出てくるまでは、特になかったように思う。植物工場というものが登場してきているが、一九八〇年代に、すでに始めていたところを取材したことがある。植物工場っていうのは施設園芸の延長線上の技術じゃないなという気もしている。主体が違うくらいだ。施設園芸というのは、まだ農民技術というか、農民の手の届く技術で、金が掛かるけれども、何千万か借金すればできる。今の植物工場というのは、企業が作って、あるいは行政が絡んで作って、何億円と金掛けている。そこでは農民は主体じゃなくて働き手、労働者だという、その違いはあるのかなという気はします。

【天笠】植物工場は、いまは土を溶液に変えて、太陽を遮断して人工光にしているところもあります。今までの農家がずっとやっていた農業技術というのは土と太陽光が基本ではないですか。だからそれを両方とも切るということは、ほんとに農業なんだろうかなと私は思った。工業に近い。

【大野】主体が、農民か企業か、ということが一つの要素だと思います。主体が農民であれば、そこで技術体系も違って来ます。その技術体系と違う技術であれば、革新かどうかは別として、それは別の技術なのでしょう。

【天笠】基本的に農業っていうのは、土と太陽光で作物の種子を用いてできる。人間が働きかけるというのは、ある意味で、人間というのは付属物です。そういうふうに考えると、農業というのは、土と太陽によって生かされている、人間が単にちょっと手を加えるだけのもの。その自然との付き合い方を知っているのが農家だと思うのですが。しかし、あの植物工場というのはそうではない。ある意味、人間を要らなくしてしまうかも知れない。

【大野】ロボットでもできる。

【天笠】いまは大企業が絡んできますからね。

【大野】採算も引き合ってないです。開発する企業の側は、プラント輸出です。例えば石油で一杯お金がある国などにプラント輸出するのが狙いではある。技術の主体の問題が僕はあると思うのです。その技術は誰が操ってるのか。農民なのか、あるいは官なのか民なのかという、技術の主体の論はきちっとしたほうがいいような気がする。

【天笠】いずれにしろ土と太陽光という、自然の恩恵があり、それを断ち切ってコストをかけて工場を作り、いくら人手をかけなくてもできるといっても、例えば土にある多彩で微妙なミネラルなどの栄養分が失われてしまうわけですから、植物工場でできる野菜に栄養はありませんし、未来は無いと思っている。

【大野】日本ではそんなに広がらないような気はします。コメだってやろうと思えばできるけれども、新潟の穀倉地帯である蒲原平野に植物工場を、いくつ作ればいいのだ、という話になる。

注１　ＷＴＯ（世界貿易機関）　一九九六年に、自由貿易体制を強固にするためにガットを発展的に解消して設立された国際機関でジュネーブに本部を置く。ガットとは異なり、その決定は強い拘束力を持つため、それに対応するため紛争処理機関も設置された。

注２　ガット・ウルグアイラウンド　ガットは戦後すぐに結ばれた関税貿易一般協定で、関税などの貿易上の障害を排除し、自由で無差別な貿易の促進を目的にした国際協定。一九八六年から始まったのがウルグアイラウンドで、サービスや知的所有権、投資など、従来ガットが扱ってこなかった分野まで対象にし、そこでの議論を基礎にＷＴＯが設立された。

第6章

グローバル化の中の農と食

ＷＴＯ閣僚会議への抗議デモ（香港）

牛の背番号制

グローバル化が奪う食の安全

【天笠】ガット・ウルグアイラウンドを経て、一九九五年にＷＴＯ（世界貿易機関）が設立されました。それを契機に、いっそうグローバル化が進行しました。最初は、ＷＴＯでは世界規模で貿易の自由化・促進が図られようとしました。しかし、それがうまくいかないことから、ＦＴＡ（自由貿易協定）やＥＰＡ（経済連携協定）が各国間で締結され、それをステップに、より広域化を目指してＴＰＰ（環太平洋経済連携協定）などのような多国間の協定に発展していきました。いずれにしろ、貿易の自由化・促進の大きなうねりがあり、一言でいって、グローバル化の時代といえるかと思いますが、多国籍企業によって食と農も翻弄《ほんろう》される時代になりました。その中で、まず食の安全が問題になりました。特に問題になったのが輸入食品や飼料の増大です。グローバル化により、直接的には輸入食品や飼料が増大し、食の安全がクローズアップされてくる時代に入っていくわけです。

ＷＴＯ体制が作られて最初に大きな問題になったのが、ＢＳＥ[注1]（狂牛病）問題です。世界中をパニックに近い状態に陥れた大きな出来事でした。これまで考えられなかった、見たこともなかった牛の病気でした。細菌でもウイルスでもない、プリオン[注2]（蛋白質）が感染して起きるという特異な感染症が世界中に拡大しました。一九九六年には牛から人間への感染が確認され、世界中でパニック状態になりました。同じ年に、遺伝子組み換え作物がアメリカで栽培され、世界中に流通を開始しました。これも従来考えられなかった作物でした。欧米では「フランケンシュタイン食品」と呼ばれました。モンサント社のような多国籍化学企業が開発して、種子を支配しながら世界中を席巻していく。消費者が一番懸念したのが食の安全でした。しかもモンサント社や米国政府はこの作物を売り込むために、各国に食品表示をさせないように働きかけました。

一九九六年に、このＢＳＥ問題と遺伝子組み換え作物の問題が登場してきた。この二つのテーマをめぐって欧米では、食の安全を求めて消費者運動が従来にない広がりを見せ、消費者は否応なくグローバル化の何たるかに直面することになります。それまで、ポストハーベスト農薬問題などがありましたが、実感としてあまり向き合うことがなかった。農家は、ずっとグローバル化と向かい合っていたが、消費者も向き合うことになった。

ＢＳＥ牛が日本で最初に見つかったのが二〇〇一年です。このＢＳＥ牛がきっかけになって、日本中で食をめぐるパニックが起き、その結果、二〇〇三年に食品安全基本法が施行され、食品安全委員会ができました。ＢＳＥ感染牛が日本でも見つかったというのも大きかったのですが、その後に雪印食品や日本ハムといった日本の有数の大手食品企業によって、産地偽装事件が起きたことが大きかったといえます。国産牛肉が売れなくなったものですから、国産を外国産と偽って販売したケースです。この偽装問題が起きて、食の安全性に対する不信が強まって、食品安全委員会が設立され、食品安全基本法ができるという、そういう時代になっていく。この食品安全委員会の問題点は後ほど述べたいと思います。

グローバル化の中で、動物や人間の行き来が激しくなる、食品の行き来も激しくなる。感染症が増えていくという時代にもなっていく。BSE感染牛だけでなく、鳥インフルエンザが出てきたり、口蹄疫が出てきたり、感染症が広がる時代にもなった。それが今日の新型コロナウイルス感染症問題につながってきます。

さらに中国からの野菜の残留農薬問題も出てくる。中国だけでなく、アジアからの野菜の流入が増え、穀物は相変わらずアメリカに依存している中で、農薬汚染問題は、必然的に起きたといえます。そういう時代の流れのなかで、他方で、有機農業運動が注目され、提携とか産直運動が広がっていった。食の安全への関心が高まっていく、そういう流れが出て来た、そういう時代だったと思います。

【大野】象徴的な出来事でいうと、二〇〇一年九月一〇日に、日本で初めてBSE感染牛が報告されましたが、翌日九月一一日に、ニューヨークの貿易センタービルに飛行機が突っ込むという出来事が起きる。二つの出来事が相前後して起きた。それでBSEのニュースが消し飛んだ。いかにグローバリゼーションが、同時多発で起きるかという、象徴的な出来事ですね。

【天笠】私もあの時、複数の新聞社からBSE問題でコメントお願いしますと言われていて、翌日、九月一一日に電話しますからという話しだった。一応経緯を見ておかなくてはいけないと思い、テレビでニュースを見ていたんです。そうしましたら、飛行機がビルに突っ込む映像をリアルタイムで見る羽目になってしまった。それでBSEの報道がまったくなくなって。コメントを求めるという話もなくなった。

生産効率主義が限界にまで来た

【大野】グローバリゼーションの中で、局地的で留まっていた家畜の病気が、全世界へ拡大するようになった。肉も餌も世界的に流通しているので、世界化していった。感染症は、多分それぞれの地域で留まっていたのが、エボラ出血熱みたいに、それがたちまち世界中に広がっていくようになった。家畜の感染症でもそれは言える。

しかし、それだけではない。もう一つの側面として、生産の構造と技術もやはり新しい段階に入ったのだと思う。例えば狂牛病は、家畜の効率化の果てに出てきた病気です。草食動物を肉食動物化していくという自然の摂理を無視した究極の効率主義がその背景にあった。病気で死んだ牛の肉をそのまま餌にして食わせる。それによって、ヨーロッパでは狂牛病で多くの牛が死んだ。とくにイギリスでは何百万も殺した。つまり効率をギリギリ追求する近代畜産のなれの果てが生んだ病気だといえる。そういう技術の変容と、それを支える畜産経営というか、畜産ビジネスの変容みたいなものが生んだ、ということができる。

【天笠】やっぱり生産効率至上主義が問題ですね。

【大野】もう極限まで来たというか。で、更にそれをもっと進めようというのがＧＭＯ、遺伝子組み換えだと思う。

【天笠】新型インフルエンザも同じことが言えますよね。

【大野】そうです。二〇〇九年にメキシコが発生源になった、豚インフルエンザは典型的です。アメリカとの国境地帯が輸出特区[注3]になっていて、そこでは無関税でアメリカに送れるということで、アメリカの食肉資本[注4]が進出して、巨大畜産経営をやっていて、密飼いしていた。そこが豚インフルの世界的発信源になっていた。養鶏にしても昔のような分散型の、中規模ぐらいまでだったら、抑えられたのだけれども、今の養鶏は、一つの単位が数百万羽単位です。ギリギリ何銭何厘といった銭や厘のレベルでコスト競争やってる、その中で規模拡大を行ってきた。

ぼくは四国山脈のまっただ中の村で育ったのですが、どの家も五、六羽から一〇羽くらいのニワトリを飼っていて、朝、鶏小屋の戸を開けて鶏を外に出し、夕方追い込む。エサやり、卵とり、すべて子どもの仕事だった。タマゴが一〇個くらい溜まると村で一軒しかない何でも屋にもっていって、豆腐とか目刺し、干物なんかと交換する。物々交換経済です。それも子どもの仕事だった。

養鶏経営が大型化してきた一九六〇年代以降、タマゴは物価の優等生といわれてきた。経済成長の中で賃金も物価も上がっていきましたが、卵だけはずっと据え置かれ、スーパーの目玉商品はいつも卵だった。ブロイラーとよばれた鶏肉もそうです。スーパー主導の値下げ競争のなかで養鶏農家も悲鳴を上げていた。その時に、中小養鶏、農家養鶏が潰れていく。次第に大規模な養鶏会社に統合され、その上位に飼料資本、穀物商社がいる。残ったのは有機的な飼い方をしている平飼いの小さな農家養鶏くらいで、中規模は潰れた。その時の競争が、一厘二厘の競争だった。そういう飼い方が、インフルエンザを局所にとどまらせないことになった。

【天笠】外国との競争があったのですか。

【大野】外国との競争もありました。外国からは、生の卵は入ってこないけれども、液卵とか粉にした卵が入ってきますから、それがどんどん入ってきて起きた。例えば出し巻き卵なんていうのは、外国の卵を粉にして使ってやったりしています。だから業務用のところでの競争です。それとも競争しなきゃいけないし、国内での卵の安売りとも競争しなければいけない。その中で生産の集中が進む。

【天笠】トヨタの場合は、ライン労働で人間が可能な極限のスピードを追究した。これ以上ないというほどに行った合理化で、乾いた雑巾を絞るとまでいわれた。人間をギリギリまで絞っていくという考え方だけれど、養鶏の場合は鶏を絞る。映画「フードインク」[注5]では、その中で、アメリカの養鶏の現場が最初に出て来て、そのすごさに驚いた。アメリカの養鶏では、半分の飼育期間で、体を倍にするというのです。そのためにホルモン剤や抗生物質[注6]が大量に投与されていく。薬漬けの鶏が食肉になっていく。あるいは、体の成長に骨の成長が追いつかないため、立ち上がれないような鶏が次々にできてくるけれど、それらも一緒に食肉になっていく。

【大野】国民党一党独裁だった台湾で三八年ぶりに戒厳令が解除されたのは一九八七年ですが、その数年後に台湾に行きました。台湾共産党の人達が、二十何年も入っていた刑務所から出てくるような時代で、面白い時代だった。台湾の農民グループから、アメリカとの貿易協定なども含めて日本の農民組織と情報交換したいというので四、五人で行った。農村を訪ねて、台北の近くの畜産試験場に行ったら、面白いものがありますから見ますかといわれて、見せてもらったのが、羽根が全然ない丸裸の赤い鶏が動き回っているものだった。究極の形で、羽根は食えないから、羽根などはいらないといって、羽根を取っちゃった。

【天笠】どのようにして羽根を取ったのですか。

【大野】交配したりして取ったみたいです。羽根をむしったのと同じ赤裸の鶏が、そのまま動き回ったり、餌を食ったりしている。台湾の研究者がアメリカに留学していて、持って帰ったということでした。どうみても食べる気にならない。市場性が無いので、そのままになったみたいです。効率一辺倒になると、こういうことになる。そのうち、とさかが要らない、足も要らない、というようになっていくんじゃないかな。そういう技術開発をしているはずですよ。くちばしは要らない、餌を流し込んで、卵になって出てくるというように。鳥はそのままじっとしている。何かそんな感じの方向に行く。技術の暴走っていうのですかね。

【天笠】「フードインク」を見ていてびっくりしたのは、タイソンフーズやスミスフィールドフーズみたいな、巨大食肉会社が、養鶏農家とか畜産農家を支配しているわけです。企業の方針に沿って飼料の与え方から、薬のやり方から、全部その企業の方針に則ってやらないといけなくなって、養鶏農家はほんとに、養鶏農家自体がもう鶏と同じで、もう全部いわれたままやらなくてはいけない。究極の効率主義というのは、まさにそういうことなのでしょうね。

技術の主体の変化と認証ビジネス

【大野】そういう技術の構造だと思います。技術を使っている主体が農家ではなくて、資本になっている。

【天笠】遺伝子組み換え作物などは、ほんとうにそういう感じですね。考えてみると、モンサントが全部取り仕切っている農業という感じですよね。農家とは何か、いわれるままで権利も無くなっている。

【大野】自己決定権が無くなる。農民が農民である理由というのはいくつもあるけれども、かなり大きい理由が自己決定権なんです。家族農業論をやっている人は誰も言わないけれども、自己決定権が家族農業だったらあるじゃないか。独立した経営じゃないか。それが無くなっている。

【天笠】やっぱり効率主義と同時に、多国籍企業がのさばる時代といえます。そういう中で、産直とか提携などのように、消費者と生産者が直接結びつくような取り組みが広がっているように思えるのですが。結構広がったということが言えるのでしょうか。

【大野】数字的には広がったといえるかもしれないが、農水省の推計では、有機農家の割合というのは、日本はまだ〇・五％程度といわれている。増えていないです。有機農業は日本では七〇年代に社会運動としてはじまったのですが、そのうち有機農産物は高く売れるということになり、高付加価値狙い、あるいはセレブのファッション化みたいな流れが出てきて、デパートとかスーパーなどが、有機農産物という棚を置くようになった。段ボールに有機と銘打っているのですが、実質は有機肥料を一袋パラパラと撒いただけといったものもあった。有機とか自然とかを、頭にネーミングした商品が無秩序に出てきたため、公正取引委員会が虚偽表示じゃないかと問題にし、政府が出てきて有機ＪＡＳ規格が策定される。有機ＪＡＳは国際的なスタンダードに沿ってかなり厳格です。

【天笠】有機ＪＡＳマーク表示は二〇〇一年四月からですね。有機ＪＡＳ認証制度はできたが、その認証を取らない有機農家は結構多かった

【大野】一度取っても面倒くさいので、止める人も多いですね。面倒くさいし、金はかかるし、検査員の旅費なんかも農家持ちですよね。全部自分持ちで、それを毎年毎年でしょ。だから、小さな有機農家なんかは、あんなものやりきれない。

【天笠】アメリカみたいに大規模だといいですけれどね。アメリカは結構、有機農家も大規模ですよね。

【大野】日本でも有機ＪＡＳ認証を取れる農家の中に、やっぱり資本が入っている。流通

資本が入ってきて大規模化しているとか、契約農業で売れ先がきちっと決まっているという農家でないと、普通の有機農家は、とても対応できない。認証ビジネスってありますよね。有機認証制度は国が定めたものだけれど、私的な認証もずいぶんある。そしてそれが次第に権威をもつようになる。僕は認証とか認定は、公的であろうが私的であろうが基本的にいいとは思ってない。百姓の尊厳、自己決定権を侵します。

数字も同様で、福島で放射能の測定が行われて、どのくらいのベクレル[注7]だと問題ないとか危険だとか、ということが出てきた。公害裁判がそうだったんだけども、数字論争したら被害者は必ず負けるんです。数字っていうのは権力なんです。数字を操るのは権力なんだということきちっと踏まえた上で、何ベクレルかを扱ったほうがいい、と言ったことがあるんですけどね。数字に振り回されたらどうにもならないと僕は思う。

【天笠】一九七〇年代ですが、技術評論家の星野芳郎《ほしのよしろう》さんが調査団長になって、瀬戸内海汚染総合調査[注8]が取り組まれた。瀬戸内海の環境汚染を調査したのですが、その時の手法が面白かった。漁民の聞き書きを中心に調査した。調査では、汚染源の企業の研究者などが出てきて対応する。そのような人は「わが社の排水は、何々が何ｐｐｍ[注9]」と数字を出すわけです。何ｐｐｍだから基準値を下回り問題ないと。それに対して漁民は怒ったわけです。「お前ら何ｐｐｍ出しているか知らないが、海を汚してるじゃないか。魚は油臭くて売れない」と。

それでやり合っていたんです。そのppmは、今でいうベクレルと同じなんです。数値が一人歩きして、これまでだったら大丈夫みたいな話になっている。

【大野】結局数字に支配されている。

【天笠】実際に漁民からみると、油臭い魚が獲れて売れないことが大事なんです。瀬戸内海汚染総合調査団では主に関西の大学の若手研究者が協力して取り組んだけれど、調査団が、一番大事にしたのが漁民の聞き書きだった。本当に良い調査だったと思っている。星野さんの一番の大きな仕事になったと思います。数字の一人歩きって恐いですよね。

認証ビジネスは、特許制度などの知的所有権が戦略化していくという、そういう流れとかなり近いですね。ISO[注10]などは取らないとダメな企業に見られるまでになってしまった。働いている人達も、認証を得るために振り回されています。

【大野】GAP[注11]（Good Agricultural Practic）というのがありますね。ヨーロッパ発の農産物工程管理です。オリンピック選手村に農産物を入れるにはこれをとっていなければいけないというんで一般にも知られるようになった一種の認証です。それが日本に持ち込まれるとき、アメリカで勉強したという若い女性がみえて、チェック項目を見てご意見をくださいというのですね。ざっと目を通すと、農作業の道具や収穫物を入れる建物に蛇がいるかという項目があった。蛇がいたら何で悪いのと聞いたら、蛇は汚いですからという。いや、蛇ぐらい綺麗な動物ないよ。鼠がいたら蛇が食ってくれるんだから、いたほうがいいんじゃないの、といったら、訳が分からなくなってしまった。

企業犯罪が相次ぐ

【天笠】有機認証制度導入に伴い有機ＪＡＳマーク表示が二〇〇一年四月に導入されましたが、この二〇〇一年四月にはその他にも、全加工食品に名称・原材料・内容量・製造者名などの表示義務、遺伝子組み換え食品の表示、アレルギー表示なども義務付けられるなど、表示の法的整備が行われました。しかし、二〇〇一年九月に発覚したＢＳＥ問題は、その衝撃が大きく、ＢＳＥ問題に関する調査検討委員会が設立され議論した結果、独立した食の安全に関する専門機関の設置を求めました。ところが政府は、独立した機関ではなく、内閣府という政府内に食品安全委員会を置いたのです。二〇〇三年に食品安全基本法が施行され、食品安全委員会がスタートしますが、政府内に置いたのでは食の安全は守ることができないとして、二〇〇三年に市民団体の食の安全・監視市民委員会が設立されます。

その食品安全委員会ができた直後の二〇〇三年一二月に、アメリカでＢＳＥ感染牛が確認され、米国産牛肉の輸入が停止されますが、しかし政府内に置いたためアメリカからの圧力を受けて、条件は付けたものの、二〇〇五年一二月にはすぐに輸入再開となるのです。その翌月、成田空港で脊椎発見、再び米国産牛肉が輸入停止されますが、半年後にはまた輸入を再々開決定するといったように、政治の圧力をもろに受ける事態になりました。

米国の牛肉資本の力は大変なものだと聞いておりますが、どのようなものですか。

【大野】おっしゃる通り米国の食肉資本の政治力は相当なもののようです。食肉の生産から加工、流通、消費に至るサプライチェーンを牛耳っているのが食肉パッカーで、大手の独占状態にあり、ワシントンに対し大きな発言力を持っている。パッカーの上位四社が占めるシェアは牛肉が七割、豚肉が六割といわれています。米国でトランプ大統領が誕生してすぐ、参加一二カ国間で合意が出てきたTPP（環太平洋経済連携協定）から米国政府が脱退しました。TPPでは牛肉について日本は規制を緩和し、輸入を大幅に受け入れることになっていたので、米国の牛肉業界にとってはTPP離脱は大きな痛手でした。日本市場を競争相手のオーストラリアに奪われてしまうからです。それでトランプ政権を駆り立てて日米自由貿易協定の締結を急がせた。TPPが米国抜きで動き出した後、日本の牛肉輸入はオーストラリアが圧勝でしたが、二〇二〇年に日米FTAが動き出したとたん、米国産牛肉が前年比で二割から三割の割合で伸びた。米国食肉業界の政治力を見せつけました。

その食肉業界を支えているのはメキシコをはじめとする中米からの合法、非合法の移住労働者です。低賃金で労働条件は劣悪です。今回の新型コロナウイルスでたくさんの食肉加工労働者が感染し、工場が止まるというケースが頻発した。その結果牛肉が出回らなくなり、培養肉[注12]の消費が大きく増えたと伝えられています。

【天笠】二〇〇七年に入り、食の安全を脅かす事件が相次いで発覚します。六月には、返品された肉製品の表示を貼り換えて再出荷したりしたミートホープ事件が発覚します。そこから食品表示をごまかす事件が相次ぎました。七月には、最も多く使われているため、表示のトップこなければいけない砂糖を、表示の後の方にもっていった白い恋人事件が発覚し、一〇月には、同様に表示を偽った赤福事件が発覚します。いずれもお土産の定番商品での偽装事件でした。さらに同じ一〇月に比内地鶏事件が発覚。さらに「使いまわし」ということで有名になった船場吉兆事件が発覚します。二〇〇八年に入り、今度は一月に中国産冷凍毒餃子事件が明るみにでます。さらに九月にはミニマム・アクセス米・事故米転売事件が明るみに出るなど、食の安全や信頼を脅かす事件が相次ぎました。

実は、このような食品や表示の偽装事件は繰り返し起きています。二〇一三年一〇月には、阪急阪神ホテルズのレストランで食品偽装発覚、その後、東京ディズニーランド・ホテルなど一流と呼ばれるホテル・デパート他で次々に発覚していきます。一二月には、群馬県にあるアクリフーズで、冷凍食品への殺虫剤マラチオンが入れられる事件が発覚しました。先の冷凍餃子事件とそっくりな事件が起きます。なぜ繰り返すのかというと、その原因は、景気の悪化です。景気が悪くなると、原価を切り詰めるなど合理化を図りますが、それでもダメなときは、ごまかしに走るのです。そのためこれからも繰り返し、巧妙化しながら起きていくと思います。

【大野】二〇〇七年に中国から輸入した冷凍餃子に農薬が混入していたという事件が起こりました。第一報が日本のメディアで報じられた日、畑仕事で疲れたので秩父の自宅から歩いて一時間ほどの日帰り温泉に行っていたのですよね。そこにTBSラジオから電話が入って、一〇分後に改めて電話するので談話がほしいと言ってきた。何の情報もないまま、直接的な原因は例えば工場内にネズミ退治の薬をおいたといったことを含めいろいろ考えられるが、いずれにしろ日常の食が海外にゆだねられているフードシステムのあり方を問わないといけないのではないか、とかいってごまかした。その後いろいろ調べて、この事件を切り口に共著で『食大乱の時代――〝貧しさ〟の連鎖の中の食』(七つ森書館刊、二〇〇八年)という本を書いたのですが、問題を起こした工場は日本たばこの関連会社で、日本生協連の委託工場、農薬汚染されていたのはコープ商品の冷凍餃子でした。近代的な設備を備えていて、生協の組合員に安い冷凍加工食品を供給するための最前線だったことが分かった。生協連がこういう工場を中国に置くに至る内部検討資料も含めて書きました。その後生活クラブ生協千葉の野菜生産者と一緒に野菜の日本への輸出の最前線だった青島周辺の農村や加工工場に調査に入ったのですが、とてもおもしろかったですね。

注1　ＢＳＥ　伝染性牛海綿状脳症のことで、最初は狂牛病といっていた牛の病気。プリオンたんぱく質が感染して引き起こす。脳が冒され、スポンジ状になり死に至る病気で、草食動物の牛に肉骨粉を与えたことが主要な原因と見られている。

注2　プリオン　感染性の病原性を持つたんぱく質。異常型があり、それが牛でのＢＳＥや人間でのクロイツフェルト・ヤコブ病の原因となる。

注3　輸出特区　経済特区の中の輸出加工区のこと。経済特区は、法的、行政的に特別な扱いがなされた地域で、その一つの輸出加工区は、主に外国資本を誘致したり、外貨収入を増やすことが目的で設置され、進出企業には手厚い優遇措置がとられている。

注4　アメリカの食肉資本　米国の巨大食品多国籍企業で、世界最大規模のタイソン・フーズを代表に、米国の政治に強い影響力を発揮してきた。加えてカーギル、ＪＢＳ、ナショナルビーフが米国の牛肉パッカー四大企業である。

注5　映画「フードインク」　ロバート・ケナー監督が取り組んだ、米国での家畜の飼育の現場や、製肉工場などのリアルな実態を取材した映画。二〇〇八年から米国で、二〇一〇年には日本でも公開され、ア

カデミー賞長編ドキュメンタリー部門にノミネートされるなど、大きな反響を呼んだ。

注6　ホルモン剤と抗生物質　動物の成長を早めたり、肉質を改良したり、乳量を増やすなどが目的で、投与される薬剤。ホルモン剤は、動物への影響に加えて、摂取した人間への影響もあることから規制が相次いでいるものの、いまだに米国では多用されている。抗生物質もまた、成長促進目的で使われるケースが多く、耐性菌により治療法がなくなるなどの影響が出ている。

注7　ベクレル（Bq）　放射能の単位で、食品や水などに含まれる放射性物質の量を見る時に用いられる。放射性物質は放射線を出しながら崩壊していくが、一ベクレルは一秒間に一個の原子が崩壊する単位を表す。一〇秒間に四〇〇個の原子が崩壊すると四〇ベクレルとなる。

注8　瀬戸内海総合汚染調査　コンビナートの稼働などで、一九六〇年代後半から環境汚染が深刻化した瀬戸内海全体を調査しようということで、主に関西の大学の若手研究者が取り組んだ環境汚染の総合調査。事務局は大阪市立大学が担い、その後、漁民と共同で水島コンビナートでの大規模な重油汚染事故の調査も行っている。

注9　ｐｐｍ　一〇〇万分の一を表す単位。環境汚染調査の際の基本単位で、海水中に含まれる汚染物質の濃度などを示す単位として用いられている。一ｐｐｍは〇・〇〇〇一％である。

注10　ＩＳＯ　国際標準化機構（International Organization for Standardization）というスイス・ジュネーブに本部を置く組織のこと。この組織の主な目的はＩＳＯ規格とも呼ばれる国際規格の策定であり、「ＩＳＯ取得」といえばＩＳＯ規格の認証を得ることを意味する。品質管理の規格９０００シリーズ、環境の規格１４０００シリーズがよく知られている。

注11　ＧＡＰ　「適正農業規範」あるいは「農業生産工程管理」といわれる国際認証制度。農産物ではなく生産工程を管理する考え方で、環境に配慮した持続可能な農業を目指し、廃棄物を減らすことや、アニマル・ウェルフェアに取り組むことなどを求めている。しかし、各国で制度がばらばらで、日本でも最近、農水省によって統一的なＪＧＡＰと呼ばれる制度の推進が図られるようになった。

注12　培養肉　家畜の可食部の細胞を培養して作る肉。低コスト化を図ることで、工場での大量生産が見込まれている。日本でもＪＡＸＡ（日本宇宙航空研究開発機構）が、宇宙での地産地消を目的に開発に取り組んでいる。

第7章

TPPと3月11日の衝撃

福島事故への抗議行動

農地が次々に放射能汚染処理場に変えられていく

原発事故がもたらした提携の分断

【天笠】二〇一一年三月一一日に福島第一原発で事故が起き、放射能汚染が拡大して、それまで築いてきた産直なり、農家と消費者の提携が大きく崩れていってしまった。大変ショックな出来事でした。原発は必ず事故を起こすということは分かっていても、まさかこの日本で、巨大な地震と津波によって起きるとは、ほとんどの人は考えていなかったと思います。当時、脱原発のデモを呼び掛けてもほとんど人が集まりませんでした。そうした油断した時期だからこそ、起きた事故ともいえます。

それから、TPP交渉が始まり、結局TPPイレブンという形でアメリカを抜きに一一カ国で始まり、その後、EUとのEPA協定、さらに日米間でのFTA協定に向けた動きがあります。それから安保法制、憲法改悪の問題も農業とどういう関係があるだろうか。アベノミクスと農業の関係でいえば、特に農業特区が設定されまして、安倍政権の経済政策であるアベノミクスがどのように農業を捉えているかというところも問題点といえます。これが今後の農業にとって大きな変化をもたらすのではないかということなのですけども、その辺について議論をしていきたいと思います。

恐らくこの四つの問題、原発事故とその後の問題、ＴＰＰなどグローバリズムの問題、それから安保法制と改憲の動き、そしてアベノミクスというこれらの四つの問題は、繋がっていると認識できるのですけれども、どうでしょうか。歴史的にいうと、二〇一一年三月に戻り、そこから考えてみたいと思います。原発事故の問題でやはり大きかったのは、東北や北関東などの生産地と首都圏を中心にした消費地をつないで、一生懸命築いてきた消費者と生産者の関係が途切れるという大きな事態になったわけです。

【大野】原発事故と農業についていえば、印象に残った二つのことがあります。事故発生の翌月の四月の初めに福島の農村を歩きました。まずは入れるところからということで、以前から知り合いだった郡山の集落営農でコメをやっていた農家グループと、有機農業で冬水田んぼ[注1]をやっていた中村和夫さんを訪ねた。まだ、福島県が畑に出るなと指示していた時期です。集落営農のリーダーは高田さんという方ですが、小規模な酪農もやっていて、朝絞った乳は全量廃棄、メンバーの一人でキュウリをやっていた人は首都圏への出荷がすべて止まり、やはり廃棄を余儀なくされていました。中村さんは、集落ぐるみでドコモの鉄塔建設反対運動を展開したリーダーで、その取材で知り合い、その後付き合っていた方です。ジャガイモの植え付け時期なのに畑に出られない、「百姓は作ってなんぼなのに」といっていたのが印象的でした。

そのあと、原発から四八キロのところに位置する三春町の農村女性グループを訪ねました。同行していたジャーナリストの西沢江美子さんが古くから親しくしていた村の女たちです。コメに加え、小さい畑や阿武隈の里山で採取した山菜などを加工したりして、農協のマルシェに出して生計を立てていた高齢女性グループです。

もう一つ印象に残ってるのは千葉県の三里塚の産直グループ・ワンパックで起こったことです。三里塚闘争で青年行動隊に結集した農家の後継ぎの青年たちが有機農業に転換するのは七〇年代初めです。日本有機農業研究会が動き出すのと相前後して、国家権力と闘うには農業でも違う道をつくり、長く続く闘いに備えようと作り上げたもので、ぼくは三里塚型有機農業運動と呼んでいます。ワンパックはその中から生まれた産直運動で、都市の会員は農民の闘いを支え、長年一緒にやってきた。当時ワンパックの代表をしていた石井恒司さんに会ったら浮かない顔をして「原発で三分の一が離れた、農薬がかかっていてもいいから放射能は嫌だ、といった人がいる、この四〇年間は何だったのか」という。古い会員の人も、辞めていった人が結構いた。ワンパックはその後世代が代わり、三里塚闘争を知らない世代が中心になっていますが、原発がそうした交代を速めたのかもしれない。

【天笠】ベクレルの問題でいうと、例えば一〇〇ベクレル／kgではなく、四ベクレル／kgを基準にしていても、例えば二ベクレル／kg出ても、やっぱり消費者は買わない。

【大野】そうなんです。三春町は町と農協がそれぞれ計測器を揃え、販売するものだけでなく、うちで食べるものもすべて計測する体制をいち早く整えました。そしてすべての数値を公表しているのですが、ベクレルをいくらに設定しても買わない。一〇ベクレル／kg以下は誤差の範囲なのだと、町の市民計測室の人が言うのですが、七と出ても、五と出ても、三と出ても、とにかく数値が出ると買わない。

三春町の女性グループは、この地方一体の特産である凍《し》みもちや凍《し》み大根をつくってけっこう収入をあげていました。ところが放射能でそれが作れなくなった。農家加工の三大製法は「日にあてる」「風にあてる」「寒風にさらす」ですが、どうやっても放射能にさらしてしまうことになる。そこで女性たちはビニールハウスをつくって、どのように干したらベクレルが出ないかを何度もテストを繰り返して研究した。それでも限界があるので、乾燥機を使おうということになり、ぼくらが連帯ユニオン関西生コン労組が組合員の拠出をもとに作った福島支援基金からファンドをもらって、小型の乾燥機と乾燥機の電力をつくる小さい太陽光発電を設置しました。

【天笠】一度消費者の心の中に放射能汚染というのが入ってしまうと、それで恐らく戻らないのだと思うのです。消費者の立場から見ると当たり前のことで、放射能は遺伝子を傷つけ、健康を破壊しますから、避けたいと思う。そこから敷衍して、福島県産、あるいは茨城県産とかいうだけで買わない。たとえ検出されなくても買わない。そういう状況は変わらないと思います。いくら検出されないといっても、原産地を見て買わない。また一ベクレル／kgでも数値が出たら買わない。そういう意味では、いわゆる産直とか提携といったものはなかなか回復しないと思います。東京電力、あるいは原発という共通の敵というか、元凶がいるのに、なぜ同じ被害者である生産者と消費者の関係がうまくいかないのかと思ってしまう。

【大野】福島もそうだし、仙台近郊の平野部、三陸のほうもそうなのだけれど、津波でやられたところに野菜工場が随分入った。福島は土が汚染されているし、三陸は塩害があるということで、政府の補助金も付いて、かなり莫大な金が流れて作られていった。しかし、そのほとんどは上手く行ってない。野菜工場を進めているのは日立などの資本だから、結構、それを実験にしてプラントを輸出しようっていう考えではないでしょうか。

震災前に秩父が野菜工場のメッカみたいな報道をされたことがあります。あの山間地域で何が野菜工場だと思うのだけれども、企業が入ってきて農家をメンバーに入れて農事組合法人[注2]を作り、補助金取って作った。これは主に地元土建屋さんが公共事業が無くなった時に補助金狙いでやったものです。補助金で作ったものの運転資金が出なくて、何回かやるうちに資金が枯渇した上に作ったものが売れないので、全部潰れていった。被災地も同様のようです。

【天笠】被災地に震災復興の名でお金が流れるけれど、とんでもない使い方をするケースが多い。一番あきれたのが、東北大学と岩手医大による「東北メディカル・メガバンク」[注3]で、宮城県と岩手県の被災者を対象にしたもので、宮城県は東北大学、岩手県は岩手医大が担い、二〇歳以上の地域住民八万人と、三世代七万人を対象に生体試料を採取して、病気や健康に関する遺伝子を探し、遺伝子のビジネス化を進めるというものです。この研究には、全額、震災復興の予算があてられてきたのです。まったく震災復興とは関係ないにもかかわらず。農業も同様なのですね。

【大野】結構、資金は流れている。何れにしても震災を理由にして入ってきた農業っていうのは上手くいってないですね。

農業特区

【天笠】農業特区はどうなのですかね。

【大野】特区はアベノミクスの目玉としてぶち上げられ、労働があったり医療があったり、観光があったりです。医療特区では医療ツーリズムという形で海外から観光客を呼び寄せる。成田市が特区になりましたが、最先端の医療施設を作って、そこでアジアの金持ちを診るという、そういう魂胆なんですね。労働は、海外労働者を受け入れる目的です。それもいわゆる単純労働ではなく、それなりの技術者を含めてです。安倍首相の言いぐさは、世界で最もビジネスがやりやすい地域を作る、というのが狙いです。ですから農業特区には百姓は要らない。ビジネスとしての農業がそこで自由に展開できるようにするということなのです。地付きの百姓は、そういうビジネスとして入ってきた資本に雇われる、そういう仕掛けです。労働力としての人は要るわけですが足りない。そこで外国人労働者を入れ、輸出向けの、大規模で効率の良い農業をそこで行っていく。そのためには農地の所有や利用を制限している農地法は邪魔になるので、特区では農地法に穴をあけ、農業委員会も無いものにした。農業委員会があると、農地法の三条で、土地の所有権、利用権の移転に農業委員会の許可が要る。そこに穴をあけて、農業委員会を通さなくてもできるよ、という仕掛けを特区については作った。

　農地法では、かなり規制が緩和されてきたとはいえ、農地を所有し利用できるのは耕す農民であるという原則があります。これがまあ農地法の命のところです。農地っていうのは耕す農民が使うんだよ、持てるんだよ、という。そこを外して、農地を最も有効に利用できる者が農地を所有し利用できる、というふうに変えたのです。有効に利用できるのは農民ではないという風に逆転させたわけです。農民は農地を有効に使っていない、その証拠に耕作放棄が出ているじゃないかと。そして農地を有効に利用できるのは誰か、それは企業であると。そういうふうに農地法を読み替えたのです。それを規制改革会議[注4]の中で強力に言ったのはローソンの社長だった新浪剛史《にいなみたけし》です。今はサントリーホールディングスの社長をしている。そのローソンは新潟市の農業特区で事業展開をしています。

【天笠】何やろうっていうんですかね？

【大野】ちょっと良く分からんのですよ。ですが、明らかに利益相反です。

【天笠】農業に対して、どういうところに国家予算を付けていくかというと、企業の新技術開発であり、特許取得にあるといっても過言ではありません。特許問題では、例えば遺伝子組み換えの稲開発を進めている。この予算だけは減らないで増えている。そこに新たにゲノム編集稲が加わり、予算は膨れあがっています。農業で儲けようといった場合、その儲ける仕組みというのは、実際に土で農作物を作るのではなくて、企業などが特許を取得して種子を支配することにある。それで儲かる仕組みを作ろうとしている。これがアベノミクスだし、今の資本が考えている農業のイメージだと思うのですよね。

【大野】政府の農業政策を一言でいえば、「強い農業をつくる」ということです。そこに予算を集中的に出していく。何に対して強いかというと、世界市場で競争力があるということです。だから農業のＡＩ化に巨額な技術予算を投入し、農産物輸出政策にはずいぶん助成金を出しています。いずれにしても小中規模の農業経営体は対象にならない。そこは潰していいということなのです。狙いは国内市場ではなく農業の輸出産業化です。日本の農業は安全で品質が良くて見栄えも良いから確かに短期的には輸出は伸びている。農水省の目標は一兆円なんですけどね。一兆円が見えてきた。おいしいコメとか和牛の上等な肉とか、リンゴのピカピカなやつ、梨の高級品とかで、アジアで増えている金持ちを対象にしている。

【天笠】とくに中国がバブルなので、金持ちを対象とした輸出が増えているのだと思う。いびつで、いつまで続くか分からない。先日、韓国に行った時に、韓国で輸入牛肉が増えているのだが、中にオーストラリア産の和牛があるという。

【大野】ローマ字でＷＡＧＹＵと書いてある。あれは和牛の精液を持っていって向こうで増やしたのですね。

【天笠】日本に入ってきた場合どうなるんですか？

【大野】さあてどうなるのか。オーストラリア産黒毛和牛とでもするのでしょうか。韓国での牛肉の状況を少し付け加えてみてみたい。韓米ＦＴＡが発効したのが二〇一二年です。韓米ＦＴＡというのはＴＰＰとそっくりの二カ国版なので、その一年後に韓国に行って状況を見てきたのです。記者の性分で、現地を見て当事者の話を聞かなければ何も書けないので、効率悪いのですが、仕方ない。

韓国の牛は韓牛といって褐色の牛です。焼き肉にしたらとてもおいしい。日本では九州や高知で飼われていて、ぼくが育った村は高知県境の四国山地のまっただ中ですが、赤牛も少数ですが飼われていました。みんな朝鮮牛と呼んでいた。韓国では韓米ＦＴＡの後、先行き不安ということで、韓牛の母牛のたたき売りがはじまっていました。廃牛ではなく、子どもをあと何年か産めるやつを肉として売りに出す。その結果母牛の価格が半値ぐらいになったといっていました。先行きもう飼っていてもしょうがない、餌代掛かるだけだというので。一方でこの最大規模化しようという韓牛経営者もいて、安くなった母牛を買い占める。中小の牛農家がどんどん減る一方で大規模が出現するという現象が生まれた。その後、韓牛の牛肉価格が上がっったという話ですね。

【天笠】そう、上がって、高騰してるんですって。

【大野】その結果なんですね。母牛を潰しちゃったから生産基盤が縮小し子牛がとれなくなった。それで値上がりした。

【天笠】量的にはもう圧倒的に小さくなって、だけど価格はボーンと上がったという。そういう現象が起きてるらしいですね。

で、まあ韓国の食文化って、結構牛肉文化なのですよね。だから、結構牛肉の問題って大きいのですけど、そういう事は言ってましたね。

安保法制と農業

【天笠】安保法制の問題と農業のつながりについて、考えてみたいと思います。TPPといわゆる軍事戦略的な問題というのは、結構大野さん言われてましたよね。で、まあそれと安保法制との関係というと、直接なかなか難しいのですけど、どういうふうに考えたら良いでしょうかね。

【大野】年を取ると古い話がしたくなって、すいません。日本の食糧政策そのものが、朝鮮戦争以降、全部日米同盟の下で規定されてきたという歴史があるのです。六〇年の日米安全保障条約改定はそれを制度化したことは先にお話ししました。六一年に施行された農業基本法は、それを「選択的拡大政策」という形で農業食糧政策に組み込みました。米国からの穀物大量輸入や、その裏返しとしての麦安楽死もその流れの中で起こったことです。

こうして日本は核の傘と食糧の傘の二つの傘に守られるという戦後体制が作られた。その結果、日本の農業生産力のいびつさみたいなものがそこで培われた。

【天笠】まあ言ってみると、安全保障の考え方で、いわゆる軍事的な安全保障と食糧安全保障とエネルギー安全保障という、いわゆる三大安全保障というのが絡んで来ているわけですよね。その中で日本の場合は、ある意味では食糧の安全保障を放棄してるし、エネルギーに関しても、石油は中東依存ですし、原発も事故によってかなり崩れて来ちゃったわけですよね。で、残る軍事的な安全保障も米国の核の傘の下にあるのが現実だと思うのですよね。

【大野】多分そうだと、構造的にはね。そこに寄り掛かって、食糧もエネルギーもアメリカとの同盟の中で確保しようということなのでしょうね。

【天笠】そういう考え方が基本だと思うのです。

【大野】一方でね、日本の自給率が四割切ってますね。韓国は食糧自給率だと三割ぐらい。日本より低いかも知れない。北朝鮮は九〇年代の後半からずっと食料不足が生じていますが、韓国や米国の資料では、実は食糧自給率五割を保っている。中国は経済発展の中で農民層がどんどん都会へ流れて行って、今や大豆は世界一の輸入国で、トウモロコシも大輸入国になって、コメはまだ輸入はしてないですけども、あそこは大食糧輸入国ですよね。そうするとざっと一六億人から一七億人の人口を抱える東アジアというのは、僕は潜在的飢餓地帯と言ってるのですが、決定的に食糧が足りない。だから仲良くしなければいけない。大分前ですが、韓国の農業問題をやってる人に、韓国の農業問題は何ですかといったら、北朝鮮が経済的に破滅して、あるいは軍事的にも破滅して、難民がどっと、三八度線を越えて韓国に来た時に、その食い物をどうするのか、という意味のことを言っていました。本当の意味での食糧安全保障政策は日本だけでなく東アジアにないということではないかと思います。

【天笠】台湾もそうですものね。だから結局、今の食糧の流れというか、穀物の流れというのは、アメリカ・ブラジル・アルゼンチンから東アジアに大きく流れてるのが、世界的に見ても最大の流れなのですよね。だから、まあ我々は遺伝子組み換えの問題をやってると、遺伝子組み換えのトウモロコシとか大豆っていうのは、南北のアメリカ大陸から東アジアにどーっと来てる訳ですよ。で、そういう流れになっちゃってるんですね、今。確かにそれは言えますね。韓国と日本って割合似てるし、台湾も似てるんですけど、中国はそれじゃまずいですよね。

【大野】まずいですよ。中国共産党がなんだかんだ言われながら保ってるのは、食糧だけは国民に不自由させてないからです。だから中国共産党は一党独裁をやっていける。食糧が揺らいだらね、一党独裁は崩れますよ。そういう政治的意味を持ってると思う。国民が飢えないでそれなりに豊かな食生活をし、経済成長をしていて、それを享受できるということがあるので、中国共産党の権威が揺らいでないという、そういうことだと思うのです。しかしそれは経済成長で食料を輸入できるからであって、国内の生産基盤はガタガタです。そこが揺らぎ、一四億の民の社会不安が出てきたら、共産党独裁なんて吹っ飛んじゃうと思います。

【天笠】ただね、やっぱり中国の場合は、漢民族中心主義なものだから、必ずいわゆる辺境といわれる地域では、もうそれが届かないわけです。だから反体制運動というのは辺境の地で起きるのです。中央がそれを弾圧するという、そういう歴史になってますよね。だから中央を押さえておけばいいという考え方なのですよね。

【大野】中国政府は二〇一〇年代の半ば、それまでの農村収奪政策を転換して、農民と農村に対する優遇策をとった。それまで沿海部への投資と開発を進めて都市と農村の格差が極端に開き、農民工とよばれる出稼ぎ農民が急増して、農村が荒廃した。政治問題化したので内陸部開発に政策を転換、農地利用の規制を緩和したり農民の税金を安くしたりとか、農産物の供出を少なくしたりとか、農村優遇策というのをやった。それは大きかったと思いますよね。

【天笠】結局中国でも、上海とかの都市部や工場に出稼ぎに来る人って圧倒的に農民ですよね。いわゆる中国の底辺労働を支えているのは農民ですよね。

【大野】二〇〇〇年に入った頃は、人口一二億のうち九億とか八億が農民だった。だから中国には低賃金労働者という資源が無尽蔵に有るから、賃金上昇は有り得ないとか言っていた時代があったのですけれど、今どんどん上がってる。全部都会に来ちゃったりして、無尽蔵の低賃金構造が無くなったのですね。

【天笠】中国も変わってきてるのですね。

【大野】二〇一九年の九月に中国西域の西安と新疆ウイグル自治区に四、五人で出かけました。いわゆる辺境の地です。ウイグル自治区の首都ウルムチの周辺は加工用トマトの一大生産地になっていて、第一次加工をして世界中に輸出、西アフリカのトマト農業をつぶし、ヨーロッパへの難民を輩出したうえ、トマトの国イタリアでは中国製トマトピューレがイタリア製になって世界中に売られているというドキュメンタリーをフランスのジャーナリストが書き、映画にもなったのを見て、これは見に行かなくては、と思ったのがきっかけです。

大きなトマト加工工場も見るつもりで取材を申し込み、当初はＯＫが出たのですが、途中で治安を理由に断られ、仕方なく道路を車で走ってトマト畑を見かけたら飛び込みで突撃取材をするというういつものパターンでやったのですが、びっくりしました。まず農場の広さです。習近平の下で、農地は名目上は国有なのですが、実質は私的所有と変わらなくなっていて、力があったり資金がある農民に土地が集積されて、米国型の大農場が出現しているのですね。トマト農場で働いている人も、フランス人ジャーナリストの報告では辺境少数民族の出稼ぎ者と書いてあるのですが、聞くと「もうそんな人はいないよ」という。結局農場主に土地を譲った元農民が働いていた。若い人は農場では働かないということで、みんな隠居したお年寄りです。ウイグル自治区でこうなのだから、これが以前取材した東北地方の大穀倉地帯や青島周辺の野菜地帯ならどうなっているのだろうと思ったものです。

【天笠】中国の競争力が変わってきたということですね。

【大野】競争力が労働力から市場力になった。低賃金で投資を呼び寄せる段階は過ぎて、市場の力で投資を呼び寄せるという段階に入って、もうずいぶん経ちますよね。いま、中国に代わって日本への技能実習生の供給地となっているベトナムがすでにそうなんですね。二〇一〇年代終わりにホーチミン市の近くの工場地帯に日本の商社が入って、中国との合弁で近代的な配合飼料工場を造った。ベトナムには当時、日本や中国ばかりでなくアメリカやヨーロッパの穀物メジャーといわれている資本も入ってきて、近代的な配合飼料工場を造っていました。現地で日本の商社を訪ね、話を聞いてみたのです。「こんなに何社も世界中からやってきて配合飼料工場を造って、生産した飼料はどこに売るんだ。まだベトナムの畜産なんて庭先畜産にちょっと毛が生えたぐらいだろう」と。そうしたら「我々は、低賃金を求めてここに来たのではありません。市場を求めて来たのです」と。六〇年代、日本の畜産が庭先養鶏、庭先養豚から近代養鶏近代養豚にどんどん変わって行った。あれをやろうというのですね。原料はどうするんだといったら、原料はみんな輸入なのですね。

【天笠】ベトナムも輸入ですか。ということはアメリカとかブラジル・アルゼンチンですね。みんな同じ構造になってきますね。トウモロコシと大豆を見てみると、日本の輸入の割合は、以前はアメリカ一辺倒だったのですが、ブラジルやアルゼンチンからの輸入が増えてきています。モンサントからすればもうどっちでも良いわけです。東アジア全体がアメリカ、ブラジル、アルゼンチンに依存するように、大きく変わりつつある。しかもアメリカ産、ブラジル産、アルゼンチン産のいずれも大半が遺伝子組み換えです。

【大野】アベノミクスに戻ると、これは結局、経済の軍事化だと思っている。経済だけじゃなくして、科学技術とか文化とか教育とか、全部を軍事化していく流れの中にあって、そういう大きい流れの真ん中に座っているのが安保法制だと思う。それに武器輸出がくっつく。TPP後の日本の経済を推進する大きな柱が武器輸出だと思うのです。それと原発輸出。で、日本で、国内で再稼働してないのに原発買え買えなんて言えないから、日本でも安全ですよというふうにしないと売り込めない。再稼働も実は原発輸出と裏と表の関係で繋がってる。そういうことでみると、実は農業も軍事化みたいな言い方ができる。

【天笠】軍事化は、必然的に国民総管理体制を求める。マイナンバーなど国民総背番号制の施行は、管理強化であるとともに、戦争への道をもたらすものです。今後、すべて把握されていきますので、道の駅に黙って出荷して、私的に収入を得るというのができなくなりますね。

【大野】できなくなる。全部収入が把握されちゃう。ではどうするか。山形の高畠町におもしろい農民グループがあって、いまの代表は二代目ですが、そのおやじとはもう亡くなりましたが長い友人でした。消費税が八％に上がる時に、その二代目に、お前さんとこ消費税どうすんだよ、と言ったらね、いやあ、それでね、今色々考えてんですけども、物々交換しようかと思う。例えば、四国の農民グループ無茶々園から蜜柑をもらって、俺のとこからコメをやって、物々交換する。現金をやり取りしない経済を作ろう、百姓ならできる、とか言ってた。何かそういう対抗策、抜け道をね、何か作らなきゃならない。

【天笠】地域通貨がありますよね。表で流通してるものではなくて、それこそ物々交換用の私的貨幣みたいなね。そういう抜け道というか、そういうのがやっぱり必要かも知れない。どっちにしろ、その物々交換をやるにしろ、直接的な繋がりの中でやっぱりやっていくしかないということですよね。何かを媒介にして通そうと思うと、そこで社会の仕組みに絡め取られる可能性がある。

【大野】それの実践で、山形の置賜で、置賜自給圏構想というのが動き出してる。旧米沢藩の範囲なのですけど、それなりに一定に広がって、米沢市、長井市、南陽市、高畠町、白鷹町、川西町、飯豊町、小国町と三市五町の百姓衆や米沢を中心とする生協、一部首長、教育界、豆腐業界、旅館業、商店街等々が加わり、農地、森、水といった地域資源が生み出す食やエネルギーを地域でまわし、外の世界にも開かれている社会と経済の仕組みを作ろうという試みです。提唱したのは菅野芳秀という百姓で、七〇年代末からですから五〇年以上のつきあいがある親友です。この自給圏構想は結構面白い取り組みになっている。そういうものが段々生まれてはきているのですけどね。

海外でみると協同組合都市を目指すソウル市の取り組みがおもしろいですね。市長の朴元淳《パク・ウォンスン》さんはこの七月に、自死されてしまったのですが、民主化闘争を戦った弁護士さんで、市長になる大分前に海外交流基金の招聘で一年ほど日本に滞在され、各地の市民・住民の運動を訪ねられた。僕は農村を見たいということで三里塚や山形・置賜の循環型地域作りの運動を案内したりしました。朴さんがやられているのは小さな協同組合をいっぱい作り、社会的連帯経済社会をつくろうという壮大な実践です。そして国家を越えて都市どうし、地域間のつながりで資本のグローバリゼーションに対抗しようというものだと、僕は勝手に理解しています。

貧困の問題、あるいは格差社会

【天笠】ＴＰＰに話を戻しますが、この交渉の過程で参加を前提に、次々と食の安全性で規制が緩和されていった。食品添加物の安全審査の簡略化、残留農薬の基準値の緩和、遺伝子組み換え食品添加物や工場で用いる遺伝子組み換え微生物の安全審査を不要にした。食品表示自体変更され、企業に有利になり消費者に分かり難くする改悪が行われた。

たとえば、食品添加物で見ると、新しい添加物が次々と承認されている。国際汎用食品添加物ということで、世界で認められている添加物は、安全性確認がほとんどなされないまま次々と承認された。その結果、この間一〇〇種類ぐらい増えてしまった。しかも国内での安全審査の省略化が図られた。二〇一一年四月八日に政府による規制・制度改革に係る方針が閣議決定され、それに基づいて「食品添加物の指定手続の簡素化・迅速化」措置がとられた。指定手続きというのは安全審査のことですので、安全審査が簡略化された。

残留農薬の基準値も次々に緩和されている。ヨーロッパでは規制が強化されたり、あるいは一部が禁止されているネオニコチノイド系農薬なども、次々に緩和されるなど、毎月のように緩和が進められている。いまはグリホサートが焦点になっており、この除草剤がプレハーベストとして用いられるようになったため、残留が増大している。それをにらんで大幅な緩和が行われた。これなどはアメリカなどからの輸入食品の増大を意識しているとしか思えない。

話は変わりますが、大野さんがよく指摘していることに、食の安全を考える余裕のある人は一定程度所得のある人であり、いま深刻なのは貧困である、食べるものがない子どもたちが増えており、それが重要だと指摘されてこられました。戦後、貧困の問題はありますけれども、今日のような食べるものが無いという状態ではなかった。

【大野】山谷でフードバンクやってる人がいて、その人の話を聞くと深刻ですね。とくに二〇二〇年春以降の新型コロナウイルス禍で起こった出来事を見ると「社会の底が抜けた」という感じがします。貧困と飢えが社会の底辺からしみとおるように広がっていった。実は二〇二〇年五月から長年付き合ってきた百姓グループと市民グループを結んで「コメと野菜でつながる百姓と市民の会」というのを立ち上げて、百姓がコメや野菜を出し、都市に住む人が送料を出して、野宿者やシングルマザー、外国人労働者やその家族に向けて送る運動をしています。

発端は五月の連休のころ、上越でコメ作りをしている友人からの電話でした。田植えの準備に入ったのだけれど、どうにも居心地が悪いというのです。「大野さんなら知ってると思うけどコメが食えない人が出ているんだって。コメ作りとしてそこを素通りしてこれまで通り無農薬、低農薬米ですといって買ってもらうだけでいいのかな、って」。ちょうどその頃、貧困や住まい、労働、移住労働者、生活保護、女性、子どもなど、さまざまの問題に取り組んでいる市民グループが集まって「コロナ災害緊急支援アクション」を立ち上げ動いているのを知っていたので、そのアクションの事務局長をしている瀬戸大作さんに電話して、「コメはいるかい」といったら二つ返事だったので、折り返しその旨を伝えてすぐ準備にとりかかった。

二日間で枠組みを作り、呼びかけを発しました。上越と山形・置賜の百姓グループはその間に二トンのコメを確保し、いつでも送れる体制を作った。送り先は山谷と京都の野宿者支援グループと、シングルマザーなど、困っている人に市民が集めたカンパから当座の生活費を支給しているグループ。お金とコメをセットで配る体制を作った。そうこうしているうちに移住労働者の人権を守る活動をしている移住連（移住者と連帯する全国ネットワーク）から職と居場所を追われた外国人労働者とその家族がどうにもならない状況にあるので是非コメをという要請が入り、そこにも緊急で送りました。

このプロジェクトを進める中で出会った状況はひどいものでした。一日パン一枚で過ごしているシングルマザーの母子、知人宅に身を寄せているが、そこも大変で出してくれる食事に手をつけることができず、空きっ腹を抱えて家族で町を歩き回っている外国人労働者家族。そんな話を聞く度に「この国は一体どうなったのか」と思ったものです。

「呼びかけ文」に「人を助けたいなどという大それたことは考えていません。コメや野菜に人としての思いを込めたいのです」と書いたのですが、僕に「居心地が悪い」といったコメ作りの友人や呼びかけに答えて実質一日で二トンのコメを集めた仲間たちに共通しているのは「食べものを作るものの倫理観」とでも言うものでした。五〇歳代から七〇歳代の手練の百姓衆ですが、この国でついぞ見かけなくなった職業人の倫理観に触れることができて、状況のひどさとは別にとても幸せな気分でした。絶対的貧困が広がり、食は質の問題を通り越しています。

健康の戦略化

【天笠】新型コロナウイルス感染症と食や農の問題に付いては、後ほど話し合いたいと思います。健康食品について見てみたいと思います。日本政府が経済戦略の柱として健康に目を付けたのは、一九八〇年代中頃です。私は一九八四年が出発点だと思っております。文部省（当時）は「生体調節機能食品プロジェクト」を発足させ、そこで食品を三つの機能に分類しました。一、栄養素やエネルギーを補給する栄養機能、二、味や香りなどを楽しむ感覚機能、三、血圧や血糖の調節や免疫力アップなどの体調調節機能です。本来、分類する意味も必要もないものを分類したのは、最初から第三番目の機能を有する食品を特別に持ち上げ、健康食品市場をつくり出すことに狙いがあったと思われます。そして一九九一年に「トクホ」[注5]と呼ばれる「特定保健用食品」制度をスタートさせました。

さらに二〇〇〇年から「健康日本21」が始まり、「国民は健康になる義務を負う」ことになりました。二〇〇一年四 月には、医薬品と食品の区別があいまいにされ、医薬品形状でも食品として販売できるようになりましたが、それが、後にサプリメント全盛時代をもたらすことになります。また二〇〇四年一二月には、トクホの許可基準が大幅に緩和され、健康食品の商売化が進んでいきます。

過熱した健康ブームが引き起こした事件に、花王のエコナ事件[注6]があります。

さらにトクホより簡単に「健康に良い」ことを喧伝できる機能性表示食品が登場します。いまやテレビのコマーシャルは、健康食品がなければ成り立たないほどに。健康商売が全盛時代を迎えています。

【大野】 メタボ検診というのがありましたね。二〇〇八年から始まった特定健康診査・特定保健指導というやつです。腹回りについて政府が基準を示して、これ以上は「健康でない」というレッテルを貼る。腹まわりの数字や体重は人さまざまで、腹がでかくても健康な人はいくらでもいる。それを一定の数字を示して、「これ以上なら不健康」とレッテルを貼る。前掲の『食大乱の時代』では、この問題も取り上げたのですが、共著者が文中、腹のでかい人を登場させて「俺の腹だ、ほっとけ」という談話を紹介していて、思わず笑いました。こうして国と健康業界が一緒になって病気一歩前の「不健康」という症状を作りだすのですね。不安を煽れ、という商法がいま、食と医・薬の分野で蔓延している。天笠さんがご指摘の通りです。消費者の不安をつくり出し、それを市場化するという商法です。農・食と医・薬を共通項でくくると、「生命」という言葉が浮かんできます。つまり、「生命の商品化」という概念で語ることができます。

二〇一九年四月の新聞に、血圧の正常値が一四〇から一三〇に引き下げられた、という記事が載っていました。いきなりなんだよ、と記事に目を通したのですが、正確には日本高血圧学会のガイドラインの数字で、その内容が改訂されたという記事です。それまで血圧は上が一四〇、下が九〇を超えると「高血圧」と診断されていましたが、新しいガイドライン（高血圧治療ガイドライン二〇一九）では、「高血圧は一四〇／九〇㎜Hg以上とする」という基準はそのままに、新たに高血圧患者が血圧を下げる目標値を定め、七五歳未満の人は一三〇／八〇㎜Hgとしたのです。つまり、これまで治療の必要がなかった人も、高血圧ということで薬を飲ませられることになったわけです。

個人的にも血圧については大いに関心があるので、記事をじっくり読みましたが、いくら読んでもいきなり正常値の範囲を狭くした理由がよくわかりません。自分なりにいろいろ考えて思いついたのは、これで高血圧症の患者が増え、医者と薬屋が儲かるだろうなという下世話な結論でした。

血圧が低いほど心筋梗塞などのリスクが少なくなることはたしかです。しかし、そのことと血圧症診断基準の緩和で患者を増やし、より多くの薬を飲ませることのリスクを比べて、どちらのリスクが高いかと問われれば、薬の副作用や体質、日ごろの生活習慣など個人差なども考えれば、どちらともいえないというのが現実だと思います。厚生労働省の『国民健康・栄養調査』（二〇一七年）によると、七〇歳以上の高齢者の五二％が降圧剤を飲んでいます。この膨大な高血圧市場をいっそう拡大したいという製薬業界と医療業界の思惑が見え隠れしています。

　高血圧の話はほんの一部にすぎません。食の分野でいえば、いま天笠さんがご指摘の通り、特定保健用食品（トクホ）とか機能性食品とか名づけられた消費者庁お墨付きのレッテルを貼った食品が次々市場に投入されています。その背後にいるのは巨大化し、寡占化した食品産業です。製薬産業も食品産業もいまでは多国籍化し、巨大化しています。そして、よりいっそうの「生命の商品化」を求めて世界中をかけめぐり、市場拡大につとめている。

　ＩＱＶＩＡ《アイキューピア》という米国の調査会社の数字ですが医薬品の世界市場の規模はざっくりみて一兆二〇五〇億ドルです。そのうち日本市場の規模はほぼ八六〇億ドル。金額もさることながら、製薬資本にとって日本市場への進出は大きな魅力です。なぜなら、日本の薬市場はきわめてしっかりしているからです。それは、国民皆保険という制度に守られて、とりっぱぐれがない、安定した市場だからです。

食品表示制度の改悪続く

【天笠】薬くそばい（九層倍）という言い方がありますが、薬は原価が極端に低く、利益率が高いですからね。

これもグローバル化の影響だといえますが、食品表示制度も改悪されて、消費者に分かり難くなりました。消費者が中身で選択できなければ、価格が安いものが売れます。そうすれば必然的に安い輸入食品が売れることになります。消費者庁が誕生するのが二〇〇九年です。それとともに食品表示制度がその消費者庁に一元化されるようになり、二〇一三年に新しく食品表示法が施行されます。その食品表示法ができるとともに、加工食品の原料原産地表示、遺伝子組み換え食品表示、そして食品添加物表示の見直しが行われることになりました。そこまではよかったのです。しかし、実際に出された見直し案はひどいものばかりです。まず加工食品の原料原産地表示が変わります。しかし、消費者に分かりやすくするために、あらゆる原料の原料原産地が表示されるのかというとそうではなく、一番重い原料のみにとどまった。例えば、コンビニ弁当で見ますと、ほとんどの原料が輸入です。しかし、一番重い原料はご飯であり「国産」です。そうなると米（国産）とだけ表示すればよいのですから、国産のお弁当だと思ってしまいます。

原料原産地表示に続いて、遺伝子組み換え食品表示についての見直しが行われました。その際、消費者の要求は全食品への表示でした。また遺伝子組み換え原料が五％混入していても「遺伝子組み換えでない」と表示できるため、それをＥＵ並みの〇・九％まで引き下げることを求めました。しかし、消費者庁が提出した改正案は、全食品表示は認めない、混入率を〇％にするというものでした。これは明らかに改悪でした。なぜ改悪かというと、〇％などほとんどあり得ない上に、ほんのわずかでも検出されると違反とされたからです。そのため「遺伝子組み換えでない」という表示ができなくなり、世の中から「遺伝子組み換えでない」表示がなくなり、遺伝子組み換え食品表示そのものが消えてしまい、消費者が選べなくなってしまうからです。

次に行われたのが、食品添加物表示の改正の審査ですが、これがまたひどいものでした。消費者が望んだポイントは、すべての添加物を物質名で表示してほしいということでした。光沢剤、酸味料、調味料、乳化剤といった一括表示が多く、何が使われているか分かりません。例えばイーストフードの場合、塩化アンモニウム、硫酸カルシウムといった化学物質が使われているのですが、具体的な物質名を表示しなくてよく、イーストフードだけでいいのです。これでは消費者は何も分かりません。結論として、それらについては何も変更なしとなりました。

さらに悪いことに、食品表示基準にある「人工着色料」「合成保存料」といった人工や合成という用語を削除し使わせまいという提案でまとめられたのです。さらに審査の対象外の学校給食衛生管理基準にある「有害な食品添加物」という表現を止めさせようとまでしました。ひどい話です。

食品と医薬品の区別があいまいに

【大野】近年の大きな特徴は、食品と医薬品の区別が次第にあいまいになってきていることではないかという気がしています。法律上は、食品と医薬品は厳密に区別されます。『食品衛生法』によると、食品とは「医薬品及び医薬部外品をのぞくすべての飲食物」とされます。一方、医薬品は「医薬品、医療器具等の品質、有効性及び安全性の確保等に関する法律」で定義されています。いまでは多くの人が口にするサプリメントを含む健康食品は食品に分類されます。

テレビコマーシャルなどにサプリメントが登場するようになるのは一九九〇年代ですが、当時は医薬品と間違われないようカプセル入りや錠剤状のものは認められませんでした。この規制が厚生労働省によって緩和されるのは二〇〇〇年代に入ってからで、順次錠剤やカプセルのサプリメントが出回るようになりました。その背後には、日本市場に進出したい米国からの規制緩和の要請があったとされています。サプリメントを含むいわゆる健康食品は成長産業として市場を拡大、いまやその市場規模は、特定保健用食品（トクホ）なども含めると一兆八九七五億円（二〇一八年）と年々拡大しています（『健康産業新聞』まとめ）。背後にあるのは、人びとの健康不安です。現代社会のストレスは人びとの心身を蝕み、さらにそれをテレビコマーシャルなどが煽り、不安に駆られた人が「健康食品」に飛びつく、先にも触れた「生命の商品化」です。

【天笠】言われる通り、二〇〇一年四月、米国の圧力によって日本では「医薬品の範囲に関する基準」が変更され、医薬品と食品の区別があいまいにされ、医薬品形状でも食品として販売できるようになりました。食品と医薬品の区別がつきにくくなりました。

それを象徴するのが、ドラッグストアです。ドラッグストアなのに、医薬品より雑貨や食品のコーナーの方が圧倒的に大きい。健康飲料を見ると、さまざまな商品が並んでいます。代表的な飲料として、オロナミンCドリンク、ユンケル黄帝液、アリナミン7、リポビタンD、眠眠打破などが並んでいます。これらには、医薬品、医薬部外品、清涼飲料が混在しています。一緒に並んでいますから、消費者は区別がつかないと思います。医薬品はユンケル黄帝液、医薬部外品はリポビタンD、アリナミン7、清涼飲料は眠眠打破、オロナミンCドリンクです。誰も区別して飲んでいないと思います。

【大野】医療・医薬品でも深刻な問題がでています。過剰診療と過剰投与という現実です。ここでも人びとの不安感情を市場化し、生命そのものを商品にしてしまう力学が働いています。先に述べた高血圧基準の拡大（規制緩和）とも関連する高齢者の多剤服用はその典型ですが、発達障がいや知的障がいをもつ子どもたちへの投薬問題も深刻です。自宅の近くに特別支援学校があり、そこの高等部の生徒さんと農作業を一緒にやっています。とても楽しい時間を過ごすのですが、そこで知ったことの一つに、子どもたちの多くが薬を処方され、継続的に飲んでいるという事実です。

人はいつも機嫌よく過ごすことなどありえません。憂うつになったりイライラしたり、一日の間でも気分は変化します。それが平常というものです。登校する特別支援学校の子どもたちと毎朝道で会ってあいさつを交わすのですが、たいがい天気のいい日は元気のいい返事が、雨模様の日はなんとなく憂うつそうな返事が返ってきます。自然の状態に素直に反応するその様はとても素直でいいなと思うのですが、管理する側、保護する側は気になるらしく、その変化を薬で抑えようと考えるようです。

不安に駆られる人々とその不安を市場に変えようとする資本がマッチングして、人も社会も薬漬けにする、その連環をどう断ち切るかが、いま問われています。

ゲノム編集技術の登場

【天笠】遺伝子組み換え作物が示したものは、特許を支配する企業が種子を支配し、種子を支配する企業が世界の食料を支配するということでした。モンサント社がそれを立証したというか、実践しました。種子支配が進行し、その支配者が最も力を入れたのが、新しい画期的な技術でした。それを特許権で守れば、他社の参入を容易に防ぐことができ、独占的に食料支配ができる。この遺伝子組み換え作物の構造が、そのままゲノム編集技術[注7]にも持ちこまれました。しかもゲノム編集の方が、操作性に優れ、応用範囲も広いためこの技術でも激しい特許権の争いが起きており、企業や研究者も、いまや遺伝子組み換えからゲノム編集へと研究や開発を移行させてしまいました。このゲノム編集でも結局、特許権の独占を果たしているのはモンサント社とデュポン社で、遺伝子組み換え作物と何ら変わりません。ただし、ドイツのバイエル社がモンサント社を買収したため、いまやモンサント社の名前が消え、デュポン社もダウ・ケミカル社と経営統合してコルテバ・アグリサイエンス社となっています。

これに対して日本政府も急ぎ、技術開発を強力に支援し、特許取得を優先し、この争いに参入しないと、遅れてしまうという判断で、ゲノム編集技術に対して規制を行わないように働きかけました。それを打ち出したのが、二〇一八年六月一五日に閣僚会議で決定した「統合イノベーション戦略」です。戦略の要の位置にある技術だとして、年度内にゲノム編集を積極的に推進できるように法律や指針を整理しろと、政権が指令を発したのです。その結果、環境省はカルタヘナ法での対応を検討し、厚労省は食品衛生法での対応を検討しました。検討というより忖度したのです。その結果、日本では規制せずとなり、作物では環境影響評価も必要なく、食品の安全審査も必要なく、食品表示も必要なく、通常の食品と一緒でいいということになってしまいました。

【大野】政府がゲノム編集食品について「表示しない」という方針を打ちだした背景には、米国からのゲノム編集食品の輸入をスムーズにしたいという意図があるのではないかとみています。ゲノム編集食品については規制に対する考え方は国・地域によってまちまちで、EUでは遺伝子組み換え食品なみの規制をかける方向であり、対して米国は規制をしない方針で、日本政府はそれに追随している。ということは、米国からの大量に輸入される食品の中に、消費者になにも知らされないままゲノム編集食品が混じってしまっていることになります。

【天笠】ゲノム編集技術は遺伝子を壊す技術です。壊してよい遺伝子などありません。基本は、意図的に病気や障害をもたらす技術なのです。また、最近では切断部分に大きな変化が起きる「オンターゲット」も確認されています。さらにゲノム編集を行った生物では、必ず目的以外の遺伝子を壊す「オフターゲット」が起きます。もし、その際に重要な遺伝子を壊せば、その生命体にとって大きな影響が出るだけでなく、環境や食の安全にも影響してきます。さらにはゲノム編集した細胞と通常の細胞が入り乱れる「モザイク」も起きます。これらは環境や食の安全に影響が出かねない問題です。とても安全とは言えない技術です。政府の結論は、私たち市民の健康よりも、技術開発や経済を優先しているとしか言いようがありません。

注1　冬水田んぼ　稲刈りが終わった水田に、冬季でも水を張る農法。水田に土壌生物のエサになるものをまいてから湛水すると、発酵が起こり、土が豊かになる。冬渡来する渡り鳥の餌場にもなる。

注2　農事組合法人　農業協同組合法に基づいて設立できる法人で、農業生産で協業をはかり収入を得ることができる。対象は農業に限定され、組合員は農家に限られる。

注3　東北メディカル・メガバンク　宮城県と岩手県の被災者を対象にし、宮城県は東北大学、岩手県は岩手医大が担い、二〇歳以上の地域住民八万人と、三世代七万人を対象に生体試料を採取して、病気や健康に関する遺伝子を探し、遺伝子のビジネス化を進めるというもの。当初は福島医大も候補に挙げら

れていたが、参加しなかった。この研究には、全額、震災復興の予算があてられている。

注4　規制改革会議　規制緩和を推し進めるために、政府の行政改革推進本部の中に一九九六年に規制緩和委員会（委員長はオリックスの宮内義彦）として設置される。小泉政権では総合規制改革会議となり、派遣労働拡大などをもたらした。民主党政権時代に休止となるが、安倍政権が発足と同時に規制改革会議（議長に住友商事の岡素之）として復活させた。

注5　トクホ（特定保健用食品）　健康食品の中で、一定の効果があるとして国がお墨付きを与えたもので、消費者庁によるトクホのマークを付けることができる食品。国が制度化している健康食品にはその他に、栄養機能食品、機能性表示食品があるが、それ以外にも健康をうたった食品が大量に出回っている。

注6　花王エコナ事件　花王がトクホを取得して売り出していた「エコナクッキングオイル」などのエコナ製品が安全性で問題になった事件。エコナ製品では、主成分のジアシルグリセロールが発がん性を疑われていたが、その後、副産物のグリシドール脂肪酸エステルの安全性に問題があることが分かり、トクホ取り消しの動きが強まった。そのため花王は、自主的に出荷や販売を停止した。

注7　ゲノム編集技術　ゲノムは遺伝子全体を指す言葉。そのゲノム上にある特定の遺伝子を破壊して、生命体を改造する遺伝子操作技術。遺伝子組み換え技術に取って代わりつつある。しかし、オフターゲットやオンターゲット、ゲノム編集した細胞と通常の細胞が入り乱れて成長するモザイクなど、さまざまな問題点を抱えている。

第8章

コロナ・ポストコロナ時代の農と食

今日の農村を象徴する壊れたハウス

建設が進む大規模植物工場（山梨県）

新型コロナウイルスによる感染症拡大で何が起きた

【天笠】最後に、二〇一九年末から始まり、二〇二〇年に世界中を襲った、新型コロナウイルスによる感染拡大での影響について見ていきたいと思います。これにより私たちの食と農も大きな影響を受けることになりました。感染拡大の要因はいくつもあると思いますが、まず地球規模で進められてきた環境破壊があります。気候変動や生物多様性の破壊が、新型ウイルスの文明社会への流入をもたらしてきましたが、今回もその可能性があります。そのため感染症は、これからも形を変えて、繰り返し起きてくると思います。

経済優先社会が、環境破壊の最大要因ですが、その経済がグローバル化して、貿易の自由化と促進を図ってきたことが、新型感染症を地球の隅々まで、あっという間に拡大してしまいました。最初に感染者が見つかったのは中国の武漢市ですが、イランを経てイタリアに達しました。これは明らかに中国が推し進めてきた一帯一路政策が人や物の流れを創り出し、それに乗ってウイルスも移動していったと思われます。最初はアジアの話だったのが、ヨーロッパにまで及んだことで、かかわりが深い北米や南米、アフリカにまで及び、世界中に拡大するまでに時間はかかりませんでした。

　そしてもうひとつ、バイオテクノロジーの応用が進み、生命体を遺伝子組み換えやゲノム編集で遺伝子操作して改造することが日常的になったことへの警告だといえます。武漢の研究所が発生源だという説がありますが、そこではＳＡＲＳ[注1]ウイルスの操作を行っていたことは確かです。今となっては分からなくなってしまいましたが。

　また、農業の大規模化、企業化・工業化が進み、遺伝子操作食品が増えることは、そこで使われる改造したウイルスや細菌が、環境中に広がる危険を増幅してしまいました。改造微生物を扱う施設も世界中にくまなく広がり、そこから改造した微生物が漏れ出れば、いつでもバイオハザードがあり得る状況になってきています。

　いったんこのような事態が起きますと、今回のようにグローバル化とは正反対に、世界各国が国境を閉ざすことになります。これまでは世界中を人や物が行き来していたのですが、それが閉ざされることで、そこに依存していた食べものへの影響は、とても大きいと思いましたが、意外と食料不足は起きてこなかった。しかし経済が行き詰まり、史上最悪ともいえる不況が訪れ、その影響は弱いところを最初に直撃します。その影響の深刻さは、大企業よりも中小零細企業、大都市より地方都市、農村により大きく出ます。農家に加えて地方の町の商店街など大きな影響を受け、倒産や廃業が相次いでいます。もはや日本で食や農を維持する力は風前の灯火になったように思います。今後、この新型コロナウイルスによるパンデミックがもたらした影響は、じわりじわりと拡大していくことが予測されます。

すでに、大野さんから「社会の底が抜けた」状況と、それに対する取り組みについての話がありましたが、これから農家と消費者が直接つながり取り組んできた、農と食を守っていく運動が真価を問われるところだと思います。大野さんは、さまざまな現場を歩かれて見てこられていますが、どのように感じましたか。

【大野】百姓の友人に聞いたことで断片的にお話しすると、まずコメですが、業務用に出荷している農家が結構多いのですが、彼らは困った事態になっている。新潟には、数十ヘクタール規模から一〇〇ヘクタール規模で大規模に取り組んでいる農家も結構あり、中にはそれに特化した農家も結構いるのです。ところがレストランやホテルなどで、店を閉じたり、弁当しか売ることができず、それも思うように売れなかったり、といったところが増えて、注文が相次いでキャンセルされています。山形でコメをやっている私の友人も弁当屋に減農薬米を四トンばかり出していたのですが、それがキャンセルされた。そんなケースが結構あります。コメの市場取引価格は五月、六月と下がり続けていて、ＪＡが示す二〇年産米の仮価格も下がっています。

外食だけでなく、学校給食もなくなり、野菜や牛乳が売れなくなったケースも多い。あるいは料亭や高級レストランが閉じてしまったため高級食材が売れなくなった。友人で米沢牛を飼っている肉牛農家がいますが、五月上旬に電話したところ、価格が一〇％程度下がったといっていましたが、その後、二〇％、三〇％とどんどん下がっていった。彼は肥育農家で、子牛を買ってきて育てて販売している。産地問屋も困っているといっていましたが、彼に言わせると「牛の首に一万円札の首輪をつけて売るようなものだ」といっていました。

食肉はコロナ以前に自由貿易協定で安い牛豚肉が入ってきていました。ＴＰＰ一一では、オーストラリアやニュージーランド産牛肉が入り、ＥＵとの自由貿易協定で豚肉も入ってきた。その後二〇年四月から始まった日米ＦＴＡでは、米国産の牛豚肉の輸入が急増し、スーパーをのぞいても価格が大きく値下がりしていました。そこにコロナが襲ってきた。

コロナと並行して豪雨による災害が全国を襲い、西日本を中心に田んぼも畑も大きな被害を受けました。全国的に日照不足にみまわれ、大気は湿めりきっていて、六月から七月にかけ田んぼではイモチ病、換気のないハウスではトマトにウドンコ病、果樹は花芽の遅れ等々えらいことが続きました。

いったいこれからどうなるのか。いわゆるコロナ後ですが、コロナが一段落して、また元に戻ってしまうのでしょうね。というかもっと悪くなる。そんな予感がします。村の高齢化と中小規模の農家の減少は加速されるでしょう。それでいいのかという問題を改めて問い直さなければならない。これまでの農業でよかったのか。大規模化を進めてきて、家族農業をどんどんつぶしてきましたからね。

ただ産直というか宅配は伸びていますね。各地の産直グループに聞くと、会員が増え、売り上げは伸びている。生協もそうみたいですね。ただ、ある産直グループのリーダーに聞いたら「一過性でしょう」とそっけなかった。

【天笠】産直の件ですが、生協の現場の方に伺ったのですが、売れたら売れたで大変なようです。コロナ問題では、宅配など運送にかかわる人への差別の問題が起きましたが、とにかく宅配で運送する人を募集しても来ないわけです。では正式社員として募集できるかというと、ポストコロナではまた元に戻る可能性がありますから、それもできない。そのため総出で夜遅くまで働くという状況になってしまった。

いま生協に加盟する人は増えていますが一時的で、また元に戻ってしまうのは確実です。いま増えている人はそのほとんどが、とりあえず自宅に食料が届けばいいわけで、食の安全にこだわっているわけではないからです。構造的に、ポストコロナになっても変わらないし、もっと悪くなるのではと思うのですが。

【大野】ＦＡＯ（国連食糧農業機関）が、コロナウイルスによる感染症拡大で世界的に食糧不足になる、と警告を発しました。日本でもそれを受けて、食料自給率三七％だから大変なことになるという学者もいました。確かにコロナで国境封鎖があり、一部で食料移送の停滞などもも起こりましたが、全体的にはそうはならなかった。

【天笠】自由貿易協定がある以上、ポストコロナで元の木阿弥になるだけでなく、もっと悪くなると思いますね。

【大野】ＦＡＯの警告に対して日本政府は「問題ない」といいましたが、それはＴＰＰがある、日米、日欧の自由貿易協定があるから、世界中から食料は輸入できるとして、その自信はゆるぎないものになっている、ということでしょうね。

【天笠】本当に意外だったのは、新型コロナウイルスの感染拡大で鎖国政策をとっていますが、食料は順調に入ってきていることです。

【大野】米中間でも、あれだけ喧嘩していても、米国から中国へ食料は順調に流れています。輸入大国の中国がまったく困っていない。

スーパーに行って見てみると、カット野菜売り場が大きくなっている。手っ取り早く使えるものを買っていく。ステイホームで家にいるのだから、料理するのかと思ったらとんでもない。加工食品ばかり売れている。なんのことはない、コロナで消費の傾向は何も変わっていないのです。

【天笠】むしろ悪くなっているようです。スーパーでは「超加工食品」がよく売れています。超加工食品というのは、ブラジル・サンパウロ大学の研究者が行った「ＮＯＶＡ分類」

で、グループ4に分類された食品のことで、グループ1は野菜や果実など加工されていない食品、グループ2はバターやハチミツなど少し加工された食品、グループ3はチーズや缶詰などの最低限の加工食品、そしてグループ4が超加工食品で、スナック菓子、カップ麺、炭酸飲料、健康食品など加工度の高い食品のことで、糖質、油脂、塩分を多く含むことが多く、食品添加物が多く使われ、食物繊維とビタミンが少ないのが、その傾向としてあるといわれているものです。

この超加工食品が注目されたきっかけは、食事における超加工食品が占める割合と、がん、死亡率、肥満との関連を調べたフランスの研究が、二〇一八年に英国の医学雑誌に発表されてからで、この調査では、成人約一〇万人を五年間追跡、女性が七八％を占め、平均年齢が四三歳でした。超加工食品を多く食べている人はがんになりやすく、とくに乳がんになりやすく、死亡のリスクが高くなり、体重が増加するという結果が出ました。自粛でそれが売れている。スーパーなどに行くと、超加工食品を買いあさっている人をよく見かけるのです。

【大野】米国では労働者がコロナに感染して食肉の屠場や加工場が閉鎖されたら、培養肉が売れ出したみたいですね。

【天笠】工場で牛とか豚とかの食べる部位の細胞を培養するだけでなく、米国のニュースを見ていたら、人間の細胞を培養して食べる可能性があることが書いてあって、びっくりしました。

【大野】食べ物を工場で作ると何でもありになってしまう。もう四〇年くらい前の話ですが、ある牛丼チェーンの牛丼が不味《まず》くなったという話が流れた。そのせいでもないのでしょうが、経営不振で創業者が退陣して経営者が交代するのですね。新社長が債権者会議で「これからは本当の牛肉を使います」と発言したと食品評論家の郡司篤孝《ぐんじあったか》（一九一四〜一九九〇）さんが書いている（安達生恒他編『食をうばいかえす！』有斐閣刊、一九八四年）。それを超近代化したのが培養肉ということになりそうですね。

【天笠】徳島大学が開発したコウロギを、「無印良品」で有名な良品計画がせんべいにしたり、町のラーメン屋がラーメンにしたりということが出てきています。以前から昆虫を食べることは行われてきていますが、バイオテクノロジーや工場生産でおかしな方向に向かっているようです。

【大野】食糧不足は怖くない、という動きになってきたように思います。培養肉もそうだし、ゲノム編集で筋肉ムキムキ豚を作ればいいじゃないか、飼料穀物が足りなくなっても、ゲノム編集で大きくして、ということになってくる。

【天笠】先ほどの話で、牛に牛の肉骨粉を与え、共食いさせた結果、ＢＳＥが起きたといえますが、人間に人間の肉を食べさせるのは極論にしろ、食経験のないものを食べさせて、おかしな方向に進むのではないか、と思います。

ポストコロナと農と食の未来

【天笠】これからどうしたら良いのか。私たちが取り組んできた運動は、家族農業を大事にしよう、農家と消費者が直接つながって行こう、食の安全を守ろうなど、政府が進めてきているグローバル化や食の工業化、バイテク化とは、正反対というか、対決する方向で進めてきました。これは大事なことで、持続して取り組まなければいけないと思いますが。

【大野】今回のコロナ状況で、食品に関して見ると何も起こらなかった。スーパーには相変わらず食品が溢れ、値段もむしろ下がり気味だった。いま解明しなければならないのは、なぜ食料問題が起こらなかったのか、ということではないかと思います。生産—流通・交易—消費にわたって、従来にはなかった構造が生まれているのではないか。

【天笠】大野さんがいつも言われていることですが、今回のように外食産業がひどい目に合うときには、子ども食堂などもうまくいかなくなりましたし、まして学校給食がなくなり、食べられない子どもが増えてしまった。

【大野】人々の目には見えないのだけれど、国内でも飢えは確実に広がっています。すでに述べましたが、「コメと野菜でつながる百姓と市民の会」のケースですが、野宿の人とか山谷の人たち、シングルマザーや外国人労働者の人たちを支援していますが、その人たちの間で身体的飢えというか、リアルな飢えが広がっています。

【天笠】問題が起きると、必ずしわ寄せが行くところがある。一般には食料不足は起きず、困っていないかもしれないが、しわ寄せされるところではリアルに出るのだ、ということだと思うのです。

【大野】恐らく、今後、そのようなしわ寄せを受ける層がじわりじわりと増えていくのではないかと思いますね。

【天笠】いまの正社員がどんどん少なくなっている現実から見ても、確実に増えますね。今回のコロナでも、非正規雇用の人たちから真っ先に解雇されていますからね。

【大野】仕事を失うと、家を失います。住宅問題に取り組んでいる稲葉剛《いなばつよし》さんによると、住居の問題が一番基本だということです。家を追われてインターネットカフェに行く。今回はインターネットカフェも閉じましたから、路上に行くことになる。路上には先住の人たちがいます。今度は先住民がはじき出される。玉つきで貧困が広がります。これまでその境目でなんとか生きていた膨大な層の人たち、いいかえれば境界をコロナは直撃した。貧困問題に取り組んできた友人たちが新型コロナ災害緊急アクションを立ち上げ、ぼくたちの「コメと野菜でつながる百姓と市民の米」もそことつながって取り組んでいますが、その境目の人たちに一番しわ寄せがきていて、ＳＯＳが来る。所持金が三〇〇円しかない、寝るところがない、どうすればいいのか。あるいは、これまで路上に寝たことがないので、どうしたら良いのか、といった問い合わせが次々に来るのです。それは通常の生活者と路上生活者との境目で起きており、そのことは、実はその境目がなくなりつつあることを示しているといえます。

【天笠】今後、食の安全だとか、食の質も悪くなっていくでしょうね。先日ある雑誌に頼まれまして、スーパーやコンビニに出かけ、加工食品の現実を見てきましたが、安いものはびっくりするくらい安い。あるクリームパンの場合、四つ入っていて一〇〇円です。こんなに安くできるには、原料は外国産で、工場で大量生産しなければ無理です。悪貨は良貨を駆逐する、ということになりそうですね。加えてカット野菜のような便利さの追求ですね。スーパーなどでも野菜売り場が小さくなっていて、加工食品が幅を利かせています。工場生産が増えていけば、農家は食べものを提供するというよりも、原料を提供するというように変化していかざるを得なくなりそうです。

【大野】コロナの問題は、そのような状況を加速しますね。これは企業にとってはいい仕組みですから。

【天笠】生鮮野菜より、加工食品の方がウイルス対策になりますから、といった風潮ができてきています。マスクして、アルコール消毒してという「清潔社会」の行きつく先が、恐ろしい気がします。大野さんにお聞きしたいのですが、これから加工食品の輸入が増えていくのではないかという気がしてならないのですが。

【大野】一九八〇年代のガット・ウルグアイラウンドの時代ですが、それまで中国をはじめアジア各地から生鮮野菜で入ってきたのがカット野菜になって輸入するケースが増え始めた。タイのチェンマイなどに日本の企業がカット野菜工場を作り、入ってくるようになりました。それから冷凍食品が中国などから輸入されるようになった。それが毒餃子事件につながって行った。最初は第一次加工だったのが、二次加工になっていった。当時、フードシステム論が提起され、学会までできました。ひとつながりのシステムとして食を考えるということですが、その背景には大商社、大流通資本、大食品資本が系列化して生産から流通までをグループ化して消費者を抱え込むという資本の食をめぐるダイナミックな動きがありました。同じ系列内ですべてを取り仕切るわけですから、何をやっても外に漏れることはない。ぼくはそれを「食のブラックボックス化」と名付けました。

【天笠】魚の骨をとって輸入するなんて言うのも、その延長線上にあるわけですね。加工食品での輸入が増えているわけですが、今後どうなるでしょうか。

【大野】すでに仕組みがあり、拡大しているわけで、これからはこれにバイオテクノロジーが入ってくるのではと思いますね。すでに培養肉のようなものが出てきていますし。

【天笠】バイオテクノロジーを用い、工場で生産すると、培養肉のように他の生物の命を殺さなくてすむ、といった論理が出てきています。食べるという行為の意味が変わってきてしまうのではないかと思います。いのちの連鎖の中で私たちの食というのがあるにもかかわらず、他の生物の命を「いただきます」といって、食べてきたのが変わってしまう。

【大野】それに対抗するには、地方から攻め上っていくしかないですね。秩父でついこの間まで、農業ジャーナリストの西沢江美子さんらと近くの特別支援学校高等部の農作業を手伝い、出来たものを直売所をつくって地域の人に販売するというボランティアをやっていました。高齢者が多い地域ですから買いに来るのはばあちゃんばかりですが、「ここの野菜は美味しいね。スーパーで買って食べるものは美味しくない」というんですね。人間というのは、美味しいもの、気持ちの良いものを求めているんだな、それは普遍的だな、と思うんですね。同じ畑続きのところで、定年退職し野菜を作っている人がいますが、だんだん作る種類が増えている。「何で」と聞いたら、頼まれて届けているうちに欲しい欲しいという人が増えてきて、というのですね。私たちの畑は山の上の方なので、近くにスーパーがなくて困っている買い物難民が多いのですが、下の方はスーパーが近くにあるのに作ってほしいといわれるらしく、言われたら作らざるを得ない、という。そういう生身というか、身体性を持った作り方、食べ方というのは消えないし、そこに依拠していくことなのかな、と小さい試みをやりながら思いますね。企業は大きく大きく、世界規模でやって来ますから、こちらは小さく小さくやっていくことなんだろうと思います。

【天笠】それを消費者側から見てみたいと思いますが、企業も考えまして、幼い舌の味蕾形成期に、自社の食品に慣れさせておけば、一生、その味を本物の味と思って買ってくれる、というわけで、宣伝したり戦略を立てているわけです。今の若い人は、なんでもマヨネーズをかけて、素材そのものの味を奪ってしまっている。

食品メーカーの最近の動向を見ても、食品添加物の使い方が変わってきた。巧妙になってきたといえそうです。スーパーやコンビニに出かけ、最近増えている食品添加物を見てみました。すると、もちもち感を出す加工でんぷん、増粘多糖類、人工的な色を作り出すカロチノイド色素、カラメル色素、人工的な味を創り出す調味料（アミノ酸等）、グリシン、そして長持ちさせるためのビタミンCやEといった酸化防止剤の使用が目立ちます。これらがそろうと、人工的な食品なのに、本物の食品と錯覚させることができる。最近の添加物の使い方の傾向は、本物と錯覚させる効果だということが分かりました。

そのため家庭で素材そのものの味を受け止める消費者を多くしていかないと、と思います。その上で農家と消費者がつながった小さな取り組みを運動として広げていくことは、これまでもやって来ましたが、これからもやっていかなくては、と思います。

【大野】 せめぎあいですよね。時に、勝ち目のない戦争をしていると思うこともあるのですが、小さな実践を積み上げ、それをつないで包囲する中で変えていくしかないと思っています。思想家や研究者、文学者など多くの識者がコロナ後を占って、価値観の転換とか地域からとかをいっていますが、同じ議論は福島で原発が破裂したときにも国内版としてあった。結局原発再稼働に飲み込まれてしまいました。二人そろって「このままでは元の木阿弥だよ」ということを言ったのですが、お互い「そうはさせてはいけない」という思いを込めての発言だったと思います。

ＴＰＰに反対する運動仲間と三年前から山形県置賜地域で地域のことを考える調査活動を、そこに住む仲間と共同でやっているのですが、コロナを経てあらためて「都市と農村」の関係のあり方を軸に考える議論を始めたいと思っています。「農と食」は当然その中心軸になります。今気がついたのですが、この対談の議論は物事の半分しか見ていないですよね。ジェンダーバランスが悪いです。農業や村の半分は女性が担っている。農業の場合、半分どころか七割は女性かもしれない。足元で地域を変えてきたのも女性です。食でも同じことがいえると思います。誰かに、この対談をケチョンケチョンにやっつけるものを世に問うてほしいと思います。

注１　ＳＡＲＳ　人間に感染するコロナウイルスは七種類あり、そのうち四種類は日常的に人間に感染し風邪の原因になっている。残る三種類は重い肺炎を起こしやすい、ＳＡＲＳ（重症急性呼吸器症候群）ウイルスとＭＥＲＳ（中東呼吸器症候群）ウイルス、それにＣＯＶＩＤ‐19新型コロナウイルスである。ＳＡＲＳウイルスは感染すると重症化しやすく、一九九二年一一月に中国広東省で発生し、八〇〇〇人強の発症者と七七四人の死者をもたらした。

年　表

戦後の農と食の歴史

1　日本農業の戦後出発と食糧増産の時代

1945年　敗戦、焼け跡・闇市からの出発（8月）
マッカーサーによる農民解放指令（12月）
1946年　食糧緊急措置令公布（2月）
日本農民組合結成（委員長・須永好、2月）
食糧メーデー、皇居前広場を占拠（5月）
1947年　農地改革法公布（10月）
日本国憲法施行（5月）
全国農民組合結成（会長・賀川豊彦、7月）
農業協同組合法公布（11月）
1948年　農業改良助長法公布。農業改良普及制度始まる（7月）
農薬取締法公布（7月）
農協全国組織設立（10月）
1949年　土地改良法公布（6月）
米価審議会設立（8月）、開催される（9月）
朝日新聞、米作日本一の表彰事業開始。20年続く
1950年　朝鮮戦争始まる（6月）
レッドパージ始まる（7月）
みそ・しょうゆの統制撤廃（7月）
肥料取締法公布（8月）

1951年　農業委員会法公布（3月）
サンフランシスコで対日講和会議、日米安保条約調印（9月）
この頃から、農薬のDDTやパラチオン、2、4・Dなどが普及、被害も起き始める
1952年　メーデー事件（5月）
主要農作物種子法公布（5月）
食糧管理法改正。麦の統制撤廃、コメは二重価格（6月）
農地法公布、占領行政による農地改革3法を統合（7月）
この頃、耕運機の普及活発化
1953年　食糧増産五カ年計画（4月）
朝鮮戦争休戦協定調印（7月）
農業機械化促進法公布（8月）
1954年　マーシャル諸島での水爆実験で日本の漁船多数被爆、第五福竜丸事件（3月）
防衛庁設置法、自衛隊法公布（6月）
学校給食法施行（パン食の義務化）
全国農業協同組合中央会設立（11月）
1955年　神武景気始まる（12月）
日本、GATTに正式加盟（6月調印）
森永ヒ素ミルク事件起きる（8月〜）
コメ、史上最高の豊作（10月）

1956年　経済白書が「もはや戦後ではない」（7月）
国連総会が全会一致で日本の加盟を可決（12月）
1957年　この年、熊本水俣病が顕在化し始める
初の農林白書
1958年　この年、大潟村干拓事業開始（8月）
農林省、開拓事業実施要項を発表（5月）
この年、チキンラーメン発売される
1959年　三井三池争議始まる（8月）
水俣の漁民、新日本窒素工場に突入する（11月）
ＧＡＴＴが日本の自由化の遅れを指摘
トラクター、脱穀機など農機具への投資が増加

2　基本法農政とコンビナート建設の時代

1960年　経済同友会「日本農業に対する見解」（4月）
安保闘争がピークを迎える（5〜6月）
池田勇人内閣が誕生、高度経済成長路線が敷かれる（7月）
池田首相「農民を三分の一に減らす」と発言（9月）
この年、農林水産物一二一品目の自由化実施
この年、パラチオンなどによる農薬中毒拡大
60年産米から米価に生産費・所得補償費方式採用
1961年　農業基本法公布（6月）、基本法農政始まる
「農村労働力を工業に」
農業近代化資金制度発足（11月）
この年、大豆輸入自由化
この年、農林業就業者、全就業者の三割を割る
1962年　新産業都市建設促進法公布（5月）、水島コンビナート等建設へ
第1次全国総合開発が閣議決定（10月）
この年、構造改善事業が始まる。三ちゃん農業という言葉が広まる
この年、米国でレイチェル・カーソン著『沈黙の春』が刊行され反響を呼び、政権を動かす
この年、一人当たりコメ消費量（年）戦後最大を記録（118・3kg）その後減少
1963年　日本、ＧＡＴＴ第11条国へ、自由化努力を一段と迫られる（2月）。バナナ等輸入自由化

1964年 中小企業基本法公布（7月）
経済同友会「農業近代化への提言」（2月）
日本、OECDに加盟（4月）
工業整備特別地域整備促進法公布（7月）、
鹿島コンビナート等建設へ
東京オリンピック開催（10月）
この頃から流通革命（大手スーパーの広がり）
が活発化

1965年 新潟水俣病発生が指摘される（6月）
茨城県東海第一原発稼働（11月）
この年、原子力委員会の中に食品照射専門
部会が設置される
農業就業人口一〇〇〇万人を切る

1966年 新東京国際空港建設地、千葉県三里塚に閣
議決定（7月）
この頃、高度経済成長（いざなぎ景気始まる）

1967年 農林省がパラチオン、TEPPの製造・使
用を1970年から禁止すると発表
公害対策基本法公布（8月）
四日市ぜん息患者が集団訴訟（9月）
経済同友会が「食管制度改善」を提言（12月）
この年、科学技術庁に食品照射研究運営会
議を設置（対象となった研究・ジャガイモとタ
マネギの発芽抑制、コメとコムギの殺虫、ミカ
ン、カマボコ、ソーセージの殺菌）
コメ自給達成
この年、自動車保有台数が一〇〇〇万台を
突破

1968年 厚生省がイタイイタイ病を公害病と認定し、
三井金属鉱山の責任を認める（5月）
農相が「総合農政」を表明（7月）
政府が熊本、新潟水俣病を工場の排水が原
因と認定（9月）

3　新たな農民運動と有機農業運動の始まり

1969年 東大安田講堂攻防戦起きる（1月）、全共闘
運動がピークに
自主流通米始まる（5月）
初の「公害白書」（5月）
第2次全国総合開発を閣議決定（5月）
ベトナム反戦運動世界中に拡がる

1970年 農林省、コメの生産調整実施要項決定（2月）
減反政策始まる
総合農政の推進を閣議決定（2月）
大阪万博にケンタッキー・フライドチキン
登場（3〜9月）
農林省、BHC、DDT、ドリン剤の稲作で

の使用全面禁止（10月）
公害国会で成立した公害関連14法案公布（12月）
この年、米国農業法成立（保護主義から自由化へ）

1971年
成田空港、第一次強制代執行（2月）
沖縄返還協定調印（6月）
グレープフルーツなど20品目の輸入自由化（6月）
ウイリアムズ報告（米国の食料戦略転換）（7月）
キッシンジャー訪中（7月）
ドル・ショック起きる（8月）
日米通商協議で、オレンジや牛肉の自由化が俎上に
有機水銀剤（種子消毒用除く）生産中止
この年、日本有機農業研究会発足

1972年
浅間山荘事件起きる（2月）
米国ニクソン大統領が中国訪問、米中国交回復（2月）
全国農業協同組合連合会（全農）設立（3月）
沖縄の本土復帰（5月）
田中角栄首相、日本列島改造論を発表（6月）、土地ブームに伴い地価高騰
厚生省がジャガイモの発芽抑制で放射線照射を認可（8月）
田中首相中国訪問、日中国交回復（9月）
この年、ソ連・中国で凶作、初めて米国から大量の穀物購入
食料危機が起きる、バングラデシュで飢餓、日本では大豆パニックが起きる
この年、国際有機農業運動連盟（ＩＦＯＡＭ）が設立される

1973年
ベトナム和平協定締結（1月）
変動相場制へ移行、円急騰（2月）
市街化区域内農地に宅地並み課税を課す法律成立（4月）
この年末、オイル・ショック起き、世界的に景気後退
北海道士幌町農協にコバルト照射センター設置、照射ジャガイモ登場（1月）

1974年
田中首相のアジア歴訪に伴い、バンコク、ジャカルタで半日デモ（1月）
有吉佐和子「複合汚染」の連載始まる（朝日新聞、10月）
この年、北海道で酪農民が牛乳出荷スト、乳価闘争激化
この年、宮城県で農家が米の出庫拒否、米

価闘争全国へ波及
この年、コンビナート中心にＰＣＢ、水銀汚染が顕在化
この年、石炭の見直しが起きる

1975年 東京・美濃部知事三選、大阪・黒田知事再選、神奈川・長洲知事誕生（4月）
ベトナムでサイゴン政権降伏、戦争終結（4月）
第一回先進国首脳会議（サミット）仏で開催（11月）
公労協などがスト権ストに取り組む（11月）、国鉄が長時間とまる
環境汚染の深刻化で全国漁民大会開催（12月）

1976年 ロッキード問題発覚する（2月）
新潟県福島潟闘争起きる（4月）

1977年 厚生省が殺菌剤ＯＰＰを食品添加物として承認（4月）
米国産サクランボを輸入自由化へ（8月）
乳価闘争で雪印乳業への生乳搬入阻止闘争（9月）
第三次全国総合開発計画、閣議決定（11月）、定住圏構想打ち出す
この年、円高不況に陥る

1978年 農林省、水田利用再編対策を開始（4月）、新減反政策始まる
農林省が農林水産省に改名（7月）
照射ベビーフード事件起きる（9月）
日米農産物交渉妥結、牛肉、オレンジの輸入枠拡大（12月）

4　総合農政と農業切り捨ての時代

1979年 イランでイスラム革命（1月）
中国軍、ベトナムに侵攻（2月）
米国でスリーマイル島原発事故（3月）
中央酪農会議、牛乳の自主的生産調整始める（3月）
ソ連軍、アフガニスタン侵攻（12月）

1980年 米政府、対ソ穀物輸出禁止（モスクワ・オリンピック・ボイコット）（1月）
韓国、光州事件（5月）
農地3法（農用地利用増進法など）公布（5月）
イラン・イラク戦争起きる（9月）
中曽根行管長官、臨時行政調査会設置（12月）
この頃、世界的に化学企業等による第一次種子企業買収ブーム起きる

1981年 米国でレーガン政権誕生（1月）

1982年
改正食管法公布、米穀通帳廃止・贈答米自由化（6月）
第二次臨調（土光敏夫会長）小さな政府を目指す「行財政改革大綱」（7月）
第二次臨調、第一部会が農業の合理化、第三部会が農業補助金削減求める（5月）
第二次臨調、三公社の分割民営化を求める（7月）

1983年
第二次臨調、米価引き下げ、転作奨励金合理化を求める（7月）
臨調基本答申を閣議決定（9月）
経済同友会が農産物市場開放五カ年計画を提言（1月）
米国政府が日本の輸入制限13品目をガット違反として提訴（7月）
農水省の研究機関として農業生物資源研究所、農業環境技術研究所設立（12月）

1984年
北海道農民連盟が農業不要論のダイエー、味の素、ソニーの不買運動（3月）
農水省　バイオテクノロジー推進室設置（4月）
臨時教育審議会設置（岡本道雄会長）（8月）
文部省「生体調節機能食品プロジェクト」を発足、厚生省も新開発食品保健対策室を設置、健康食品への布石

1985年
NTT、日本たばこ発足（4月）
中曽根首相「戦後政治の総決算」打ち出す（7月）
国鉄分割民営化決定（10月）
秋田県、大潟村農民を食管法違反で告発（10月）
米特許庁、植物特許を認める（9月）
農水省と民間企業とのバイテクによる共同研究・開発活発になり始める

1986年
厚生省がロングライフ（LL）ミルクの製造を認可（3月）
前川レポート（農業全面切り捨て政策）（4月）
チェルノブイリ原発事故起きる（4月）
原発事故後すぐに放射能の雲が日本にやってきてお茶などを汚染（5月）
ガット（GATT）ウルグアイラウンド始まる（9月）
この年、主要農作物種子制度が改正され、民間企業の参入促進へ
この年、英国で初めてBSE感染牛が確認される

1987年
チェルノブイリの放射能汚染食品が輸入され、規制値が設定される（1月）

1988年　全国消費者大会がコメ自由化反対を決議（11月）
メディアで日本農業不要論拡がる
日米牛肉・オレンジ交渉が決着（6月）
農産物12品目の自由化を正式決定、輸入制限品目は13になる（8月）
米レーガン政権、包括貿易法発効（スーパー301条）（8月）
1989年　昭和の終わり、平成が始まる（1月）
天安門事件（6月）
総評解散、連合発足（11月）
この年、食糧自給率、供給熱量ベースで50％を下回る

5　臨調行革路線とガット・ウルグアイラウンドの時代

1990年　この頃、第二次種子企業買収ブーム起きる
消費税スタート（4月）
米国が国家バイオテクノロジー戦略打ち出す（遺伝子特許を戦略として掲げる）
1991年　青果物の品質表示指針制定（2月）
牛肉・オレンジ輸入自由化（4月）
厚労省、食品添加物で合成と天然の区別を設けず表示を義務付ける（7月）
「特定保健用食品」制度がスタート（9月）
ソ連消滅（12月）
米NIH（国立衛生研究所）がDNA特許申請（後に取り下げる）
日本の農水省がイネゲノム解析計画開始（第1期）
UPOV（植物新品種保護に関する国際条約）改正
1992年　リオ（地球環境）サミットで気候変動枠組条約・生物多様性条約採択（6月）
食品照射実用化進む（世界27カ国、スパイスへの照射（一七〇〇トン））
食品の日付表示に関する検討会設置（12月）
1993年　有機農産物に関する指針制定される（10月）
EU（欧州連合）発足（11月）
ガットのウルグアイ・ラウンド合意、コメ部分自由化へ（12月）
この年、トクホ第一号が認可され、健康食品市場への期待強まる
1994年　水産物表示指針制定（
米国で日持ちトマト販売（初めて販売された遺伝子組み換え食品）

１９９５年
WTO（世界貿易機関）体制始まる（1月）農産物の国際流通圧力強まる
阪神淡路大震災（1月）
地下鉄サリン事件（3月）
食品衛生法を改正、天然添加物を合成と同様法律で規制（5月）
特許における国際的ハーモナイゼーション（日米欧三極特許庁協議）
食糧管理法廃止、食糧法施行（11月）

１９９６年
米国・カナダで遺伝子組み換え作物の本格的栽培始まる
英国政府が初めてBSE牛から人間への感染を認める（3月）
BSE問題に絡み食肉の原産地表示が義務付けられる（8月）
日本で遺伝子組み換え食品の安全性評価指針つくられ、輸入始まる（表示なし、9月〜）

１９９７年
製造年月日表示から期限表示へ（4月）
臓器移植法施行（10月）
地球温暖化防止、京都会議で京都議定書採択（12月）

１９９８年
日本で一〇〇〇を超える自治体が遺伝子組み換え食品表示を求める決議
改正種苗法公布
栄養成分表示が義務付けられる（4月）
特定非営利活動促進法（NPO法）施行（12月）
米ベンチャー企業が初めて遺伝子特許取得
日本、第2期イネゲノム解析計画

１９９９年
日本、国家バイオテクノロジー戦略打ち出す（ゲノム解析に集中投資）
特許G7（先進国特許庁長官非公式会議）始まる
農業基本法に代わり「食料・農業・農村基本法」公布（7月）
この頃から欧州でBSE感染牛が急増

6　グローバル化の中の農と食

２０００年
生物多様性条約・カルタヘナ議定書採択される（1月）
口蹄疫、宮崎県で92年ぶりに発生（3月）
容器包装リサイクル法全面施行（4月）
介護保険制度スタート（4月）
全生鮮食品に原産地表示義務付けられる（7月）
日本でスターリンク事件起きる（5月飼料、10月食品から検出）

全日本スパイス協会が、照射承認を求め厚労省に要望書を提出（12月）

2001年
この年「健康日本21」始まる
全加工食品に名称・原材料・内容量・製造者名などの表示義務（4月）
遺伝子組み換え食品表示始まる（ごく一部の食品のみ、4月）
有機認証制度導入に伴い有機JASマーク表示（4月）
食品衛生法でアレルギー表示（4月）
保健機能食品制度始まる。「医薬品の範囲に関する基準」を変更。医薬品と食品の区別があいまいに（4月）
情報公開法施行（4月）
ハンセン病国家賠償請求訴訟で原告勝訴（熊本地裁）、政府は控訴を断念（5月）
日本で初めてBSE感染牛が確認され、発表される（9月）
同時多発テロ、ニューヨークの世界貿易センターなど攻撃される（9月）

2002年
雪印食品による牛肉偽装事件明るみに（1月）
BSE問題に関する調査検討委員会が独立した食品安全機関を提言（4月）
日本ハムが偽装牛肉を焼却処分、証拠湮滅（7月）
JAS法改正により不正表示に対する罰則強化（7月）
市民の抗議によって愛知県で行われていた遺伝子組み換え稲の栽培試験中止に（12月）
南部アフリカ諸国、遺伝子組み換え作物混入を理由に食料援助拒否

2003年
カルタヘナ議定書発効（6月）
食品安全基本法が施行され、食品安全委員会がスタート（7月）
遺伝子組み換え食品の安全審査、食品安全委員会で行われるようになる（7月）
コーデックス委員会総会で「遺伝子組み換え食品（植物）の安全審査基準」採択（7月）
日本政府、カルタヘナ議定書締結（11月）
米国でBSE感染牛が確認され、米国産牛肉輸入停止に（12月）

2004年
山口県で鳥インフルエンザが79年ぶりに確認（1月）
カルタヘナ議定書国内法施行（2月）
消費者が米国・カナダを訪れモンサント社の遺伝子組み換え小麦反対の署名を提出（3月）

農水省が「遺伝子組み換え作物栽培実験指針」作成（3月）
牛肉トレーサビリティ法施行（4月）
EUで新しく厳密な遺伝子組み換え食品・飼料の表示制度始まる（4月）
食品安全委員会が牛の全頭検査中止決める（9月）
トクホの許可基準が大幅に緩和（12月）

2005年
日本で初めて牛から感染したvCJDの患者報告される（2月）
北海道で自治体として初めての遺伝子組み換え作物栽培規制条例施行（3月）
遺伝子組み換えナタネ自生調査始まる（3月）
新潟県北陸研究センターでの遺伝子組み換え稲栽培試験をめぐり裁判始まる（6月）
原子力委員会が「原子力政策大綱」で放射線照射食品推進（10月）
コーデックス・バイテク応用部会で遺伝子組み換え動物食品の審議始まる（11月）
原子力委員会食品照射専門部会設置される（12月）
香港で開催されたWTO閣僚会議で大規模な抗議デモ起きる（12月）
米国産牛肉の輸入再開決定（12月）
この年、中国で違法遺伝子組み換え稲の栽培行われる（現在に至るまで続く）

2006年
成田空港で脊椎発見、再び米国産牛肉輸入停止に（1月）
米国産牛肉の輸入再々開決定（7月）
食品照射専門部会スパイスへの照射を認めるべきという報告（7月）了承（9月）
今治市「食と農の街づくり条例」施行（9月）
有機農業推進法制定・施行（12月）

2007年
ミートホープ事件発覚（6月）
白い恋人事件発覚（7月）
赤福事件発覚（10月）
比内地鶏事件発覚（10月）
船場吉兆事件発覚（11月）
この年、バイオ燃料ブームに便乗して、遺伝子組み換え作物拡大、トウモロコシ価格高騰で食料危機発生
この頃から子どもの貧困問題顕在化、子ども食堂始まる

2008年
米国FDAがクローン家畜食品を安全と評価、流通を認める（1月）
中国産冷凍餃子事件明るみに（1月）
畜産草地研究所がクローン家畜食品を安全

と評価（3月）
欧州食品安全庁がクローン家畜食品を安全としながらも、流通は保留（7月）
リーマンショック。米国の投資銀行リーマン・ブラザーズ・ホールディングの経営破綻に端を発し、世界的金融危機が発生（9月）
米国FDAがクローン牛の後代牛が出回っていると発表（9月）
欧州議会がクローン家畜食品流通禁止を求める（9月）
ミニマム・アクセス米・事故米転売事件明るみに（9月）
中国でメラミン混入事件明るみに、日本でも乳製品から検出（9月）

2009年
米国が遺伝子組み換え動物食品の安全審査の基準を発表、審査開始（1月）
メキシコを発生源とした新型（豚）インフルエンザ騒動起きる（4月）
コメ・トレーサビリティ法公布（4月）
食品安全委員会がクローン家畜食品を安全と評価、厚労省に通知（6月）
消費者庁誕生、食品表示一元化へ（9月）
年越し派遣村、リーマンショックで職を追われた生活困窮者を支援（12月）

7　TPPAと3月11日の衝撃

2010年
宮崎で口蹄疫発生（4〜6月）
生物多様性条約締約・カルタヘナ議定書締約国会議（COP10／MOP5）名古屋で開催（10月）
横浜で開催のAPECで、TPP参加問題起きる（11月）
花王が発がん性の疑いがあるとしてエコナ関連商品の販売の自粛発表（9月）

2011年
3月11日、東日本大震災発生、東電福島第一原発事故発生
放射能汚染拡大、政府「食品暫定基準」を発表（3月〜）
規制・制度改革に係る方針（閣議決定）に基づき「食品添加物の指定手続の簡素化・迅速化」措置（4月8日）
独・伊・スイスで脱原発表明（6月〜9月）
消費者庁に食品表示一元化検討委員会発足（9月）
米国ウォール・ストリートで若者ら反貧困デモ（10月）
ハワイで行われたAPECで、日本政府T

ＰＰ協議に参加表明（11月）
ハワイ産遺伝子組み換えパパイヤの輸入が承認され、日本に入り始める（12月）

2012年
食品中の放射能汚染の基準値変更される（4月〜）
原発、一時稼動ゼロに（5月）
食品添加物コチニール色素でアナフィラキシー・ショック起きる（5月）
中国で鶏肉に大量の抗生物質が使われていることが発覚（12月）
東京都調布市の学校給食で生徒がアナフィラキシー・ショックで死亡（12月）

2013年
日本政府、米国産牛肉の輸入規制緩和（2月）、それにともない日本での全頭検査中止に（7月）
米国オレゴン州で未承認遺伝子組み換え小麦の栽培が見つかり、日韓台政府などが米国産小麦の輸入停止措置（5月）
新食品表示法可決成立（6月）
日本、ＴＰＰ協議に12番目の国として合流（7月）
阪急阪神ホテルズのレストランで食品偽装発覚、その後ホテル・デパート他で　次々と発覚（10月）
豚流行性下痢確認される（10月）（２０１４年7月21日まで一道三七県八一〇農場で確認）
群馬県にあるアクリフーズで、冷凍食品への殺虫剤マラチオンが入れられる事件が起きる（12月）
特定秘密保護法制定（12月）

2014年
学校給食へのノロウイルス汚染事件起きる（1月）
消費税5％から8％へ（4月）
人気漫画「美味しんぼ」が福島の放射能汚染を描き攻撃を受ける（5月）
政府、解釈改憲で集団的自衛権容認（7月）
中国で期限切れ鶏肉などの混入事件発覚（7月）
韓国で開催の生物多様性条約締約国会議で合成生物学の規制が焦点に（10月）
エボラ出血熱感染拡大、12月に入り、死者六千人とＷＨＯ（12月）

2015年
米国で遺伝子組み換えリンゴ承認される（2月）
食品表示法施行（4月）、機能性表示食品制度始まる
台湾で厳密な遺伝子組み換え食品表示制度始まる（7月）

安全保障関連法成立（9月）
ＴＰＰ交渉大筋合意（10月）
米国で遺伝子組み換え鮭承認される（11月）
国連気候変動枠組み条約第21回締約国会議（ＣＯＰ21）でパリ協定採択（12月）

２０１６年　この年初めてゲノム編集技術による「除草剤耐性ナタネ」作付される
ＣｏＣｏ壱番屋の廃棄カツが出回っているのが判明（1月）
ＴＰＰ調印（2月）
バーモント州で米国初の遺伝子組み換え食品表示制度導入が決まるが、連邦政府の圧力で施行できず（7月）
独バイエル社が米モンサント社買収を発表、種子業界の再編起きる（9月）

２０１７年　米トランプ政権発足（1月）
米国、ＴＰＰ離脱（1月）
食品安全委員会がＲＮＡ干渉法ジャガイモを安全と評価（3月）
共謀罪施行（7月）
カナダでＧＭ鮭の流通始まる（8月）
加工食品の原料原産地表示が変更される（9月）

２０１８年　主要農作物種子法廃止法案、国会で可決される（4月）
米国でグリホサート被害訴訟広がり、最初の判決で被害者勝訴（8月）
築地市場から豊洲市場へ移転される（10月）

２０１９年　ＥＵが２０３０年までに使い捨てプラスティックの使用禁止打ち出す（1月）
日欧ＥＰＡ発効（2月）
遺伝子組み換え食品の表示制度改悪され「遺伝子組み換え不使用」表示が事実上困難に（4月）
ゲノム編集食品、流通開始へ（10月）
消費税10％に（10月）
ＴＰＰ11発効、米国の離脱で参加国が11カ国（12月）
農水省、日米貿易協定発効で国内農業生産額が六〇〇億～一一〇〇億円縮小と試算（12月）
この年、ゲノム編集食品に反対する運動全国に広がる

２０２０年　日米貿易協定が発効（1月）
この年1月から新型コロナウイルス感染症が世界中に拡大する
これによる外食や給食用の需要縮小でコメ、畜産物、野菜などの農産物の価格低迷。一

方、食品業界は家庭用消費に向け、冷凍食品、即席めん等の増産へ（4月から）
学校給食に有機食材を用いる要求強まる
除草剤グリホサートの禁止を求める運動、世界中に広まる

〈著者略歴〉

大野和興（おおの　かずおき）

1940年、愛媛県生まれ。農業ジャーナリスト。村を歩き、現場からの発信を心がけてきた。日本消費者連盟共同代表、独立系ニュースサイト「日刊ベリタ」編集長。

主な著書『農と食の政治経済学』（緑風出版）、『百姓の義—ムラを守る・ムラを超える』（社会評論社）、『日本の農業を考える』（岩波書店）、『百姓が時代を創る』（山下惣一・大野和興対論、七つ森書館）、『食大乱の時代』（共著、七つ森書館）、『危ない野菜』（共著、めこん）、『百姓は越境する』（共著、社会評論社）ほか。

天笠啓祐（あまがさ　けいすけ）

1947年、東京都生まれ。早大理工学部卒。元『技術と人間』誌編集者、法政大学・立教大学講師、日本消費者連盟共同代表、現在、ジャーナリスト、市民バイオテクノロジー情報室代表、遺伝子組み換え食品いらない！キャンペーン代表。

主な著書『ゲノム操作・遺伝子組み換え食品入門』『生物多様性と食・農』『東電の核惨事』（緑風出版）、『子どもに食べさせたくない食品添加物』（芽ばえ社）、『地球とからだに優しい生き方・暮らし方』（柘植書房新社）、『くすりとつきあう常識・非常識』（日本評論社）、『遺伝子組み換えとクローン技術100の疑問』（東洋経済新報社）、『この国のミライ図を描こう』(現代書館)、『暴走するバイオテクノロジー』(金曜日)、『ゲノム操作と人権』（解放出版社）ほか。

農《のう》と食《しょく》の戦後史《せんごし》——敗戦からポスト・コロナまで

2020年10月10日　初版第1刷発行　　定価1800円＋税

著　者　大野和興・天笠啓祐 ©
発行者　高須次郎
発行所　緑風出版
〒113-0033　東京都文京区本郷2-17-5　ツイン壱岐坂
〔電話〕03-3812-9420　〔FAX〕03-3812-7262　〔郵便振替〕00100-9-30776
[E-mail] info@ryokufu.com
[URL] http://www.ryokufu.com/

装　幀　斎藤あかね　　表紙写真　丹野清志
制　作　R 企 画　　印　刷　中央精版印刷・巣鴨美術印刷
製　本　中央精版印刷　　用　紙　中央精版印刷　　E1200

Printed in Japan　　ISBN978-4-8461-2018-4　C0036

◎緑風出版の本

■全国どの書店でもご購入いただけます。
■店頭にない場合は、なるべく書店を通じてご注文ください。
■表示価格には消費税が加算されます。

農と食の政治経済学

大野和興著

四六判上製
三〇八頁
2400円

問答無用のごとく推進される農業の自由化、国際化は、日本の農業と食生活に何をもたらすのか？　本書は、日本の農と食をめぐる現状を分析、全面的解体ともいえる状況がなぜ生まれたかを考え、再生と自律の方向を探る。

世界食料戦争【増補改訂版】

天笠啓祐著

四六判上製
二四〇頁
1900円

米国を中心とする多国籍企業の遺伝子組み換え技術による世界支配の目論見に対し、様々な反撃が始まっている。本書は、米国の陰謀や危険性をあばくと共に、世界規模に拡大した食料をめぐる闘いの最新情報を紹介する。

プロブレムQ&A
ゲノム操作・遺伝子組み換え食品入門
[食卓の安全は守られるのか？]

天笠啓祐著

A5判変並製
二〇二頁
1800円

農水産物の遺伝子を切断して品種改良するゲノム操作を用いた食品の開発が進んでいる。本書は、遺伝子組み換え、ゲノム操作とはどのようなものか、どんな危険があるのか、現在の状況、対応策などを易しく解説。入門書として最適

TPPの何が問題か

天笠啓祐著

四六判並製
二〇〇頁
1800円

貿易自由化は、経済の国境の壁を「貿易障壁」で排除してきた。この壁が取り払われれば、巨大多国籍企業が世界を蹂躙できる。TPPが締結されれば、自給率の低い日本の農業は壊滅的打撃を受け、危険な食品が日本中に蔓延する。